Mehrdimensionale Integration

Eine Einführung in die Lebesguesche Theorie

von

Bernd Anger und Heinz Bauer

W DE G

1976

Walter de Gruyter · Berlin · New York

SAMMLUNG GÖSCHEN 2121

Dr. *Bernd Anger*
Privatdozent für Mathematik an der Universität Erlangen-Nürnberg

Dr. *Heinz Bauer*
o. Professor für Mathematik an der Universität Erlangen-Nürnberg
ord. Mitglied der Bayerischen Akademie der Wissenschaften

CIP-Kurztitelaufnahme der Deutschen Bibliothek

Anger, Bernd

Mehrdimensionale Integration: eine Einf. in d. Lebesguesche Theorie / von Bernd Anger u. Heinz Bauer.

(Sammlung Göschen; Bd. 2121)
ISBN 3-11-004612-1

NE: Bauer, Heinz:

Inhalt

Einleitung 5

Kapitel I: *Maße und Integrale auf kompakten metrischen Räumen*

§ 1 Radon-Maße auf kompakten metrischen Räumen 10
§ 2 Mehrdimensionales Lebesgue-Maß 17
§ 3 Halbstetige Funktionen 22
§ 4 Fortsetzung eines Radon-Maßes auf halbstetige Funktionen 30
§ 5 Integration numerischer Funktionen 35
§ 6 Riemann-Integrierbarkeit und Riemannsches Integral . . 48
§ 7 Konvergenzsätze 55
§ 8 Vertauschung der Integrationsreihenfolge (beim Lebesgue-Maß auf Quadern) 66
§ 9 Integrierbare Mengen 70
§ 10 Integration über Mengen 77
§ 11 Induzierte Maße 82

Kapitel II: *Integration auf metrischen Räumen*

§ 12 Maße und Integrale auf metrischen Räumen 87
§ 13 Meßbare und integrierbare Mengen 97
§ 14 Nullmengen und Integration über Teilmengen 103
§ 15 Konvergenzsätze – Parameter-abhängige Integrale . . . 110
§ 16 Meßbare Funktionen und Integrierbarkeit 117

Kapitel III: *Das Lebesguesche Integral*

§ 17 Beispiele zum Lebesgueschen Integral 124
§ 18 Vertauschung der Integrationsreihenfolge beim mehrdimensionalen Lebesgue-Maß 131
§ 19 Anwendungen des Schnittmengensatzes 136
§ 20 Der Transformationssatz 147
§ 21 Polarkoordinaten und Anwendungsbeispiele 163

Anhang: *Über verschiedene Maßbegriffe* 175

Literaturverzeichnis 181
Symbolverzeichnis 182
Namenverzeichnis 184
Sachverzeichnis **185**

Die Paragraphen 6 und 16 können bei der ersten Lektüre des Buches überschlagen werden.

Einleitung

Der vorliegende Band soll als ein Baustein verstanden werden, der bei der Behandlung der mehrdimensionalen Integration in den Grundvorlesungen über Analysis Verwendung finden kann. Das Buch setzt sich zum Ziel, in die Theorie des Lebesgueschen Integrals soweit einzuführen, daß spezielle, in den Anwendungen häufig auftretende Integrale (wie z. B. die Gamma-Funktion, die Gaußsche Glockenfunktion, Potentiale von Massenbelegungen) sowie Volumenberechnungen (z. B. der n-dimensionalen Kugel) und das Transformationsverhalten von Integralen (z. B. beim Übergang zu Polarkoordinaten im $\mathbf{R}^p$) behandelt werden können.

Zur Erreichung dieses Zieles sollte der betreffende Abschnitt der Grundvorlesung über Analysis nicht zu einer Spezialvorlesung über Maß und Integral werden. Schon deshalb erschien es uns unzweckmäßig, das Lebesguesche Integral von einer σ-additiven Mengenfunktion ausgehend einzuführen. Wesentlich besser motiviert erscheint uns das hier gewählte Vorgehen:

Bei der Behandlung des Integrals von Funktionen einer Veränderlichen begnügt man sich mit gutem Grund meist mit der Einführung des Integrals für stetige reelle Funktionen auf einem kompakten Intervall der Zahlengeraden. Durch Iteration dieses Integrationsprozesses kann man sodann jeder auf einem kompakten Quader $Q = [a_1, b_1] \times \ldots \times [a_p, b_p]$ im $\mathbf{R}^p$ definierten stetigen reellen Funktion f das Integral

$$\lambda_Q(f) = \int_{a_p}^{b_p} (\ldots (\int_{a_1}^{b_1} f(x_1, \ldots, x_n)\, dx_1) \ldots)\, dx_p$$

zuordnen. λ_Q ist dann eine positive Linearform auf dem Vektorraum $\mathscr{C}(Q)$ der auf Q stetigen reellen Funktionen, also ein (positives) Radon-Maß auf Q. Zunächst wird daher der

Lebesguesche Integralbegriff nur für auf Q definierte Funktionen durch den üblichen Fortsetzungsprozeß mittels Ober- und Unterintegral von λ_Q ausgehend entwickelt. Insbesondere ist dann jede auf einer kompakten Menge $K \subset Q$ definierte stetige reelle Funktion über K λ_Q-integrierbar. So erhält man auf K durch

$$\lambda_K(f) := \int_K f \, d\lambda_Q \qquad (f \in \mathscr{C}(K))$$

das induzierte Radon-Maß λ_K, welches von der speziellen Wahl des Quaders $Q \supset K$ unabhängig ist. Lebesguesches Maß auf dem $\mathbf{R}^p$ heißt dann die Familie $(\lambda_K)_{K \in \mathfrak{K}}$, wobei $\mathfrak{K}$ das System aller kompakten Teilmengen von $\mathbf{R}^p$ bezeichnet. Durch einen einfachen Grenzübergang ergibt sich das Lebesguesche Integral von Funktionen über Teilmengen des $\mathbf{R}^p$. Dabei lassen sich die zunächst für Quader gewonnenen Sätze mühelos übertragen. Dies liegt entscheidend an der Verträglichkeit der Maße λ_K: für je zwei kompakte Mengen $L \subset K$ des $\mathbf{R}^p$ induziert λ_K das Maß λ_L auf L.

Dieser Einstieg in die Lebesguesche Theorie hat noch weitere Vorteile. Ohne jede zusätzliche Schwierigkeit kann die Integration sogleich für beliebige (positive Radon-)Maße auf dem $\mathbf{R}^p$ entwickelt werden. Ein solches Maß ist dabei definitionsgemäß eine Familie $(\mu_K)_{K \in \mathfrak{K}}$ verträglicher Maße: Jedes μ_K ist ein positives Radon-Maß auf $K \in \mathfrak{K}$, welches auf jeder kompakten Menge $L \subset K$ das Maß μ_L induziert. Auf diese Weise lassen sich weitere Beispiele (z. B. das Diracsche Maß und Maße mit Dichten) erfassen. Ist aber dieser Standpunkt erreicht, so liegt kein Grund vor, den euklidischen Raum $\mathbf{R}^p$ nicht durch einen beliebigen metrischen Raum E zu ersetzen. Der Student lernt heute ohnedies den Begriff des metrischen Raumes meist schon im ersten Semester kennen. Auch durch diesen Schritt der Verallgemeinerung wird die Darstellung nicht durch zusätzliche Schwierigkeiten belastet. Sie wird vielmehr durchsichtiger und durch weitere Beispiele (wie etwa Kurvenintegrale) angereichert; ferner eröffnet sich die Möglichkeit eines späteren Ausbaus der Theorie in Richtung auf die Integralsätze der Analysis durch die Einbeziehung von Mannigfaltigkeiten. Schließlich hat der hier verwendete Einstieg in die Lebesguesche Theorie die Annehmlichkeit, einer modernen Entwicklung angepaßt zu sein, nämlich Maße auf beliebigen Hausdorff-Räumen in analoger Weise einzuführen.

Das Buch gliedert sich in drei Kapitel. Zunächst wird die Integration auf kompakten metrischen, sodann auf beliebigen metrischen Räumen behandelt. Bereits dabei stehen Beispiele zum Lebesgue-Integral immer im Vordergrund. Das letzte Kapitel behandelt die geometrische Interpretation sowie spezielle Eigenschaften des Lebesgueschen Integrals, insbesondere sein Transformationsverhalten. Ein abschließender „Ausblick" soll der Klärung des eingenommenen Standpunktes und der Bezüge zu anderen Zweigen der Integrationstheorie dienen.

Stets ist es unsere Absicht, die wichtigen Teile der Theorie soweit zu entwickeln, daß sich interessante Anwendungen ergeben. Hingegen wird kein endgültiger Abschluß angestrebt.

An Vorkenntnissen wird eine Vertrautheit mit den üblichen Begriffen einer zweisemestrigen Vorlesung über Differential- und Integralrechnung bis hin zur Differentialrechnung von Funktionen mehrerer Veränderlichen und der elementaren Theorie metrischer Räume vorausgesetzt. Der im Umgang mit metrischen Räumen ungeübte Leser braucht sich jedoch nicht abschrecken zu lassen: Er denke sich einen im Text auftretenden metrischen Raum E stets durch den $\mathbf{R}^p$ bzw. im ersten Kapitel durch eine kompakte Teilmenge des $\mathbf{R}^p$ ersetzt.

Den Herren *J. Lembcke* und *G. Nöbeling* danken wir für eine Reihe kritischer Bemerkungen zu einem Vorentwurf dieses Buches. Frau *H. Dohrmann* gilt unser Dank für die sorgfältige Reinschrift des Manuskriptes.

Kapitel I

Maße und Integrale auf kompakten metrischen Räumen

Es sei zunächst noch einmal an den bereits in der Einleitung präzisierten Ausgangspunkt unserer Untersuchungen erinnert: Als bekannt wird vorausgesetzt, wie man für jede stetige reelle Funktion f auf einem kompakten Intervall $I = [a, b]$ der Zahlengeraden $\mathbf{R}$ das Integral

$$\lambda_I(f) := \int_a^b f(x)\,dx$$

erklärt. Dann ist

$$\lambda_I : \mathscr{C}(I) \to \mathbf{R}$$

eine Abbildung, die auf der Menge $\mathscr{C}(I)$ aller auf I stetigen reellen Funktionen definiert ist und Werte in $\mathbf{R}$ annimmt.

Ausgehend von der Kenntnis dieser Abbildungen λ_I für kompakte Intervalle $I \subset \mathbf{R}$ soll nun ein Integralbegriff, nämlich der des *Lebesgue*-Integrals entwickelt werden, der es erlaubt, *möglichst vielen*, auf *geeigneten* Teilmengen A des $\mathbf{R}^p$ definierten Funktionen f ein p-dimensionales Integral $\int_A f(x)\,dx$ so zuzuordnen, daß

1. die *Abhängigkeit des Integrals* von A und f überschaubaren Gesetzmäßigkeiten genügt;
2. die *geometrische Interpretierbarkeit* des Integrals $\int_A f(x)\,dx$ für eine nicht-negative Funktion f als $(p+1)$-dimensionales Volumen (oder Maß) der Menge

$$\{(x, x_{p+1}) \in \mathbf{R}^p \times \mathbf{R} : x \in A, 0 \leqq x_{p+1} \leqq f(x)\}$$

ermöglicht wird.

Insbesondere soll für die konstante Funktion $f = 1$ das $(p+1)$-dimensionale Volumen $\int_A 1\,dx$ der „Säule“

$$\{(x, x_{p+1}) \in \mathbf{R}^p \times \mathbf{R} : x \in A, 0 \leqq x_{p+1} \leqq 1\}$$

mit „Basis“ A und „Höhe“ 1 entsprechend der elementargeometrischen Berechnung des Rauminhalts einer Säule aus Grundfläche und Höhe mit dem p-dimensionalen Volumen von $A \subset \mathbf{R}^p$ identisch sein. Der angestrebte Integralbegriff soll also insbesondere so beschaffen sein, daß die Definition des p-dimensionalen *Volumens* von $A \subset \mathbf{R}^p$ durch $\int_A 1\,dx$ für die ersten drei Dimensionszahlen $p = 1, 2, 3$ mit den elementargeometrischen Begriffen für Länge, Fläche bzw. Rauminhalt von A übereinstimmt.

Im ersten Kapitel des Buches wird diese Konstruktion des Integrals für Mengen $A \subset \mathbf{R}^p$ durchgeführt, welche relativkompakt, d.h. in einem kompakten (achsenparallelen) Quader des $\mathbf{R}^p$ enthalten sind. Dabei liegt der Nachdruck zunächst auf der Aufgabe 1 und dem zweiten Teil der Aufgabe 2 (Definition des p-dimensionalen Volumens).

Beide Aufgaben werden sogleich in größerer Allgemeinheit gelöst: An die Stelle eines kompakten Intervalles I wird ein beliebiger kompakter metrischer Raum E, an die Stelle von λ_I ein geeignet beschaffenes Funktional auf $\mathscr{C}(E)$ treten. Dabei wird die Beweistechnik durchsichtiger und nicht erschwert sowie der Anwendungsbereich der Untersuchungen verbreitert.

§ 1 Radon-Maße auf kompakten metrischen Räumen

Für jedes kompakte Intervall I der Zahlengeraden hat die Abbildung $\lambda_I : \mathscr{C}(I) \to \mathbf{R}$ folgende wohlbekannte Eigenschaften: Der Definitionsbereich $\mathscr{C}(I)$ ist ein Vektorraum (über dem Körper $\mathbf{R}$), dessen Operationen durch

(1.1) $$(f+g)(x) := f(x) + g(x),$$

(1.2) $$(\alpha f)(x) := \alpha f(x) \qquad (\alpha \in \mathbf{R})$$

definiert sind. Die Abbildung λ_I ist eine lineare Abbildung in $\mathbf{R}$, d.h. es gilt

(1.3) $$\lambda_I(f+g) = \lambda_I(f) + \lambda_I(g),$$

(1.4) $$\lambda_I(\alpha f) = \alpha\lambda_I(f)$$

für beliebige $f, g \in \mathscr{C}(I)$ und $\alpha \in \mathbf{R}$. Darüber hinaus ist $\mathscr{C}(I)$ geordnet durch die Relation

(1.5) $$f \leqq g \Leftrightarrow f(x) \leqq g(x) \text{ für alle } x \in I;$$

λ_I respektiert diese Relation:

(1.6) $$f \leqq g \Rightarrow \lambda_I(f) \leqq \lambda_I(g) \qquad (f, g \in \mathscr{C}(I)).$$

Weil $f \leqq g$ zu $0 \leqq g - f$ äquivalent und λ_I linear ist, läßt sich (1.6) äquivalent umformen zu

(1.7) $$f \geqq 0 \Rightarrow \lambda_I(f) \geqq 0 \qquad (f \in \mathscr{C}(I)).$$

Es wird sich nun zeigen, daß allein diese Eigenschaften von λ_I zusammen mit der Kompaktheit von I die Konstruktion des Lebesgueschen Integrals ermöglichen.

Wir führen folgende Sprechweisen ein: Ist E eine Menge und $\mathscr{F}$ die Menge aller auf E definierten numerischen Funktionen $f: E \to \overline{\mathbf{R}}$, so schreiben wir $f \leqq g$ genau dann, wenn

$$f(x) \leqq g(x) \qquad \text{für alle } x \in E$$

gilt. $\leqq$ ist dann eine Ordnungsrelation auf $\mathscr{F}$. Für jede Teilmenge $\mathscr{G} \subset \mathscr{F}$ sei

$$\mathscr{G}_+ := \{f \in \mathscr{G} : f \geqq 0\}$$

die Menge der positiven (d.h. nicht-negativen) Funktionen aus $\mathscr{G}$.

$\mathscr{V} \subset \mathscr{F}$ nennen wir einen *Vektorraum reeller Funktionen* auf E, wenn jedes $f \in \mathscr{V}$ nur Werte in $\mathbf{R}$ annimmt und $\mathscr{V}$ bezüglich der durch (1.1) und (1.2) definierten Operationen stabil ist. *Linearform* auf $\mathscr{V}$ heißt jede Abbildung $\mu: \mathscr{V} \to \mathbf{R}$ mit den (1.3) und (1.4) entsprechenden Eigenschaften:

(1.8) $$\mu(f+g) = \mu(f) + \mu(g) \qquad (f, g \in \mathscr{V});$$

(1.9) $$\mu(\alpha f) = \alpha\mu(f) \qquad (f \in \mathscr{V}, \alpha \in \mathbf{R}).$$

Gilt darüber hinaus die (1.7) entsprechende Eigenschaft

$$(1.10) \qquad f \in \mathscr{V}_+ \Rightarrow \mu(f) \geqq 0,$$

so heißt μ eine *positive Linearform.*

Ausgangspunkt unserer Integrationstheorie sind positive Linearformen auf dem Vektorraum $\mathscr{C}(E)$ der stetigen reellen Funktionen auf einem kompakten metrischen Raum E.

1.1 Definition. *Sei E ein kompakter metrischer Raum. Dann heiße jede positive Linearform $\mu : \mathscr{C}(E) \to \mathbf{R}$ ein positives Radon-Maß – kurz ein Maß – auf E. $\mathscr{M}_+(E)$ bezeichne die Menge aller Maße auf E.*

Dieser Maßbegriff bedeutet: Für die Funktionen $f \in \mathscr{C}(E)$ ist das zu definierende Integral in der Form des Funktionswertes $\mu(f)$ von μ an der Stelle f bereits vorgegeben. Hieraus soll ein Integralbegriff entwickelt werden, der den Anforderungen 1 und 2 des Vorspanns genügt. In μ liegt also die Keimzelle einer Integrationstheorie vor.

1.2 Beispiele. (1) Für jedes kompakte Intervall $I = [a, b] \subset \mathbf{R}$ definiert $f \mapsto \int_a^b f(x)\,dx$ die positive Linearform λ_I auf $\mathscr{C}(I)$, also ein Maß auf I. Dieses heißt *Lebesgue-Maß λ_I auf I.*

(2) Sei E ein kompakter metrischer Raum und a ein Punkt von E. Dann ist $\varepsilon_a : \mathscr{C}(E) \to \mathbf{R}$, definiert durch

$$(1.11) \qquad \varepsilon_a(f) := f(a),$$

ein Maß auf E. Es heißt *Dirac-Maß* oder (Maß der) *Einheitsmasse in a.*

(3) Sei D eine *endliche* Teilmenge eines kompakten metrischen Raumes E und $\alpha : D \to \mathbf{R}_+$ eine positive reelle Funktion auf D. Dann wird durch

$$f \mapsto \sum_{x \in D} \alpha(x) f(x) \qquad (f \in \mathscr{C}(E))$$

ein Maß μ auf E definiert, welches *diskretes Maß* mit der

Gewichtsfunktion $\alpha: D \to \mathbf{R}_+$ heißt. Im Fall $D = \{a_1, \ldots, a_n\}$ gilt

$$\mu(f) = \sum_{i=1}^{n} \alpha(a_i) f(a_i) \tag{1.12}$$

für jedes $f \in \mathscr{C}(E)$.

(4) Ist der kompakte metrische Raum E *diskret*, so handelt es sich um eine endliche Menge versehen mit der diskreten Metrik, welche nur der Werte 0 und 1 fähig ist. In diesem Fall ist *jedes Maß μ auf E ein diskretes Maß* mit der Gewichtsfunktion $\alpha: E \to \mathbf{R}_+$, definiert durch

$$\alpha(x) := \mu(f_x) \qquad (x \in E).$$

(Dabei bezeichnet f_x die Funktion auf E, welche in x den Wert 1 und in allen anderen Punkten den Wert 0 hat. Sie ist stetig wegen der Diskretheit von E.)

In der Tat: Für jedes $f \in \mathscr{C}(E)$ gilt

$$f = \sum_{x \in E} f(x) f_x$$

und somit

$$\mu(f) = \sum_{x \in E} f(x)\, \mu(f_x) = \sum_{x \in E} \alpha(x) f(x).$$

Aus der Definition einer Gewichtsfunktion folgt sofort, daß obiges α für $\mu \in \mathscr{M}_+(E)$ die einzige auf E definierte Gewichtsfunktion ist. Auf diskreten kompakten metrischen Räumen entsprechen sich also Maße und auf E definierte Gewichtsfunktionen eineindeutig.

(5) $\mathscr{M}_+(E)$ ist eine Menge reeller Funktionen auf $\mathscr{C}(E)$. Daher sind für $\mu, \nu \in \mathscr{M}_+(E)$ auch $\mu + \nu$ und $\alpha\mu$ mit $\alpha \in \mathbf{R}$ definiert. Offenbar handelt es sich wieder um Maße auf E, sofern $\alpha \geqq 0$. $\mathscr{M}_+(E)$ ist daher ein „konvexer Kegel" im Vektorraum aller reellen Funktionen auf $\mathscr{C}(E)$. Speziell enthält $\mathscr{M}_+(E)$ die Nullform 0; diese heißt *Nullmaß* auf E.

Ist beispielsweise μ ein diskretes Maß auf E mit der auf einer endlichen Menge D definierten Gewichtsfunktion $\alpha: D \to \mathbf{R}_+$, so gilt

$$\mu = \sum_{x \in D} \alpha(x) \varepsilon_x.$$

(6) Sei $T = \{z \in \mathbf{C} : |z| = 1\}$ die Einheitskreislinie in der komplexen Ebene $\mathbf{C}$ sowie $t \mapsto e^{it}$ die übliche Parametrisierung $\varphi : [0, 2\pi] \to T$ von T. Durch

$$(1.13) \qquad \sigma(f) := \int_0^{2\pi} f(e^{it})\, dt \qquad (f \in \mathscr{C}(T))$$

wird ein Maß σ auf T definiert. Es gilt

$$(1.14) \qquad \sigma(f) = \lambda_{[0, 2\pi]}(f \circ \varphi)$$

für alle $f \in \mathscr{C}(T)$. Im Sinne der folgenden allgemeinen Konstruktion ist σ das *Bild* von $\lambda_{[0, 2\pi]}$ bei der Abbildung φ.

1.3 Satz. *Sei $\varphi : E \to F$ eine stetige Abbildung eines kompakten metrischen Raumes E in einen weiteren derartigen Raum F. Dann ist für jedes Maß μ auf E*

$$(1.15) \qquad f \mapsto \mu(f \circ \varphi)$$

ein Maß $\varphi(\mu)$ auf F. Dieses heißt Bild von μ bei der Abbildung φ.
Für alle $f \in \mathscr{C}(F)$ gilt somit

$$(1.16) \qquad \varphi(\mu)(f) := \mu(f \circ \varphi).$$

Der Beweis besteht im einfachen Nachprüfen der Eigenschaften (1.8) bis (1.10). Man beachte, daß wegen der Stetigkeit von φ für $f \in \mathscr{C}(F)$ bzw. $f \in \mathscr{C}_+(F)$ die Funktion $f \circ \varphi$ in $\mathscr{C}(E)$ bzw. $\mathscr{C}_+(E)$ liegt.

1.4 Beispiele. (1) Allgemeiner als im letzten Beispiel sei E eine *Kurve* in einem metrischen Raum, d.h. das Bild eines kompakten Intervalles $I \subset \mathbf{R}$ unter einer stetigen Surjektion $\varphi : I \to E$. (Jede solche Abbildung wird eine *Parametrisierung* von E genannt.) In Analogie zu (1.14) betrachten wir das Bildmaß $\varphi(\lambda_I)$. Es heißt *Lebesgue-Maß auf E* bei der Parametrisierung φ.

(2) Sei wie in 1.2, Beispiel (6) E die Einheitskreislinie T in $\mathbf{C}$, $\varphi : [0, 2\pi] \to T$ die dort betrachtete Parametrisierung von T und $\sigma = \varphi(\lambda_{[0, 2\pi]})$ das Lebesgue-Maß auf T bei dieser Parametrisierung. Für $\tau \in \mathbf{R}$ bezeichne φ_τ die (Rotations-)Abbildung

(1.17) $\qquad \varphi_\tau(z) := ze^{i\tau} \qquad (z \in T)$

von T auf sich. Es gilt

(1.18) $\qquad \varphi_\tau(\sigma) = \sigma \qquad (\tau \in \mathbf{R}).$

Man spricht daher von der *Rotations-Invarianz* von σ.

Für $f \in \mathscr{C}(T)$ gilt nämlich

$$\varphi_\tau(\sigma)(f) = \sigma(f \circ \varphi_\tau) = \int_0^{2\pi} f \circ \varphi_\tau(\varphi(t))\,dt$$

$$= \int_0^{2\pi} f(e^{i(t+\tau)})\,dt = \int_\tau^{2\pi+\tau} f(e^{ix})\,dx$$

$$= \int_\tau^{2\pi} f(e^{ix})\,dx + \int_{2\pi}^{2\pi+\tau} f(e^{ix})\,dx = \int_\tau^{2\pi} f(e^{ix})\,dx + \int_0^\tau f(e^{i(t+2\pi)})\,dt$$

$$= \int_\tau^{2\pi} f(e^{ix})\,dx + \int_0^\tau f(e^{it})\,dt = \int_0^{2\pi} f(e^{it})\,dt = \sigma(f)$$

wegen der Periodizitätseigenschaften von $x \mapsto e^{ix}$. Damit ist (1.18) gezeigt.

Mit σ ist offenbar auch das Maß $\sigma_1 := \frac{1}{2\pi}\sigma$ rotationsinvariant. Wegen $\sigma_1(1) = \frac{1}{2\pi}\sigma(1) = 1$ heißt σ_1 das normierte Lebesgue-Maß auf T bei der Parametrisierung φ oder das *normierte Haarsche Maß* auf T.

Maße auf E können nicht nur mit reellen Zahlen $\alpha \geqq 0$, sondern allgemeiner mit stetigen reellen Funktionen $g \geqq 0$ multipliziert werden. Dies lehrt der folgende Satz.

1.5 Satz. *Sei E ein kompakter metrischer Raum und $g \in \mathscr{C}_+(E)$. Dann ist mit jedem Maß μ auf E auch*

(1.19) $\qquad f \mapsto \mu(gf)$

ein Maß auf E. Es wird mit $g\mu$ bezeichnet. g heißt Dichte von $g\mu$ bezüglich μ.

Somit gilt

$$(1.20) \qquad (g\mu)(f) := \mu(gf) \qquad (f \in \mathscr{C}(E)).$$

Der Beweis besteht im Nachrechnen der Eigenschaften (1.8) bis (1.10). Man beachte, daß mit f auch gf in $\mathscr{C}(E)$ bzw. $\mathscr{C}_+(E)$ liegt.

Ist g konstant mit dem konstanten Wert $\alpha \in \mathbf{R}_+$, so liefert (1.20) gerade die in 1.2, Beispiel (5) besprochene Multiplikation von $\mu \in \mathscr{M}_+(E)$ mit dem Skalar $\alpha \geqq 0$.

1.6 Beispiel. Sei $\varphi : I \to \mathbf{R}^p$ eine stetig differenzierbare Abbildung eines kompakten, nicht ausgearteten* Intervalles $I = [a, b] \subset \mathbf{R}$, also $E := \varphi(I)$ eine stetig differenzierbare Kurve in $\mathbf{R}^p$ mit der Parametrisierung φ. Bezeichnet $\|x\|$ die euklidische Norm (d.h. Länge) eines Vektors $x \in \mathbf{R}^p$, so ist $t \mapsto \|\varphi'(t)\|$ eine Funktion $g \in \mathscr{C}_+(I)$, also $g\lambda_I$ ein Maß auf I. Das zugehörige Bildmaß

$$(1.21) \qquad \beta_\varphi := \varphi(g\lambda_I)$$

heißt *Bogenmaß* β_φ *auf der Kurve* E bei der Parametrisierung φ. Für $f \in \mathscr{C}(E)$ gilt somit

$$(1.22) \qquad \beta_\varphi(f) = \int_a^b \|\varphi'(t)\| f(\varphi(t))\, dt.$$

Für die konstante Funktion $f = 1$ ergibt sich

$$(1.23) \qquad \beta_\varphi(1) = \int_a^b \|\varphi'(t)\|\, dt,$$

die sog. *Bogenlänge* von E. Diese ist bekanntlich das Supremum der euklidischen Längen der E einbeschriebenen Streckenzüge.

Im Beispiel 1.2 (6) der Einheitskreislinie T und der Parametrisierung $\varphi : [0, 2\pi] \to T$ mit $\varphi(t) = e^{it}$ ist $\beta_\varphi = \sigma = \varphi(\lambda_{[0, 2\pi]})$.

* Ein Intervall heißt nicht ausgeartet, wenn es weder leer noch einpunktig ist.

Abschließend ziehen wir eine einfache, aber wichtige Folgerung aus den definierenden Eigenschaften eines Maßes.

1.7 Satz. *Jedes Maß μ auf einem kompakten metrischen Raum E ist isoton, d.h. für alle $f, g \in \mathscr{C}(E)$ gilt:*

(1.24) $$f \leqq g \;\Rightarrow\; \mu(f) \leqq \mu(g).$$

Ferner gilt

(1.25) $$|\mu(f)| \leqq \mu(|f|) \qquad (f \in \mathscr{C}(E)).$$

Beweis. Die Isotonie folgt aus der Linearität und Positivität von μ, da $g-f \geqq 0$ und somit $\mu(g)-\mu(f)=\mu(g-f) \geqq 0$ ist. Mit f liegt auch $|f|$, d.h. die Funktion $x \mapsto |f(x)|$ in $\mathscr{C}(E)$. Aus $f \leqq |f|$ und $-f \leqq |f|$ folgen wegen der Isotonie $\mu(f) \leqq \mu(|f|)$ und $-\mu(f)=\mu(-f) \leqq \mu(|f|)$, also gilt $|\mu(f)| \leqq \mu(|f|)$. □

§ 2 Mehrdimensionales Lebesgue-Maß

Die Lösung der einleitend erwähnten Aufgabe 2 erfordert insbesondere die Definition des Integrals von Funktionen in mehreren Veränderlichen. Dem dient die Einführung des mehrdimensionalen Lebesgue-Maßes auf Quadern. Als Vorbereitung benötigen wir die beiden folgenden Sätze:

2.1 Satz. *Seien X bzw. Y kompakte Teilmengen des $\mathbf{R}^m$ bzw. des $\mathbf{R}^n$. Für jede stetige Funktion $f \in \mathscr{C}(X \times Y)$ und jedes $x \in X$ liegt die auf Y durch $y \mapsto f(x,y)$ definierte Funktion f^x in $\mathscr{C}(Y)$. Für jedes Maß $\mu \in \mathscr{M}_+(Y)$ liegt die auf X durch $x \mapsto \mu(f^x)$ definierte Funktion g in $\mathscr{C}(X)$.*

Beweis. Sei $f \in \mathscr{C}(X \times Y)$. Offenbar ist $f^x \in \mathscr{C}(Y)$ für alle $x \in X$. Da $X \times Y$ abgeschlossen und beschränkt im $\mathbf{R}^{m+n}$, also kompakt ist, ist f gleichmäßig stetig. Folglich existiert zu $\varepsilon > 0$ ein $\delta > 0$, so daß für alle $y_1, y_2 \in Y$ und alle $x_1, x_2 \in X$ mit $\|(x_1, y_1)-(x_2, y_2)\| < \delta$ gilt:

$$|f(x_1, y_1) - f(x_2, y_2)| \leqq \varepsilon.$$

Dabei bezeichnet $\|(x_1, y_1) - (x_2, y_2)\|$ den euklidischen Abstand der Punkte (x_1, y_1) und (x_2, y_2) im $\mathbf{R}^{m+n}$. Wählt man speziell $y_1 = y_2$, so ergibt sich:

Für alle $y \in Y$ und alle $x_1, x_2 \in X$ mit dem m-dimensionalen euklidischen Abstand

$$\|x_1 - x_2\| = \|(x_1, y) - (x_2, y)\| < \delta$$

gilt

$$|f(x_1, y) - f(x_2, y)| \leqq \varepsilon,$$

also

$$|f^{x_1} - f^{x_2}| \leqq \varepsilon.$$

Nach Satz 1.7 ist dann

$$|g(x_1) - g(x_2)| = |\mu(f^{x_1} - f^{x_2})| \leqq \mu(|f^{x_1} - f^{x_2}|) \leqq \mu(\varepsilon) = \varepsilon\mu(1).$$

Daraus folgt die Stetigkeit von g. □

Die Vertauschung der Reihenfolge von Differentiation und Integration behandelt der folgende Satz.

2.2 Satz. *Sei $K \subset \mathbf{R}^n$ kompakt und $I \subset \mathbf{R}$ ein nicht ausgeartetes kompaktes Intervall. $f \in \mathscr{C}(I \times K)$ sei eine auf $I \times K$ nach der ersten Variablen partiell differenzierbare Funktion, für die die Abbildung*

$$(x, y) \mapsto D_1 f(x, y)$$

in $\mathscr{C}(I \times K)$ liegt. Für jedes Maß $\mu \in \mathscr{M}_+(K)$ ist dann*

$$x \mapsto \mu(f^x)$$

eine differenzierbare Funktion g auf I, deren Ableitung in $x \in I$ durch

$$g'(x) = \mu\big((D_1 f)^x\big)$$

gegeben ist.

Beweis. Für alle $x \in I$ liegen die Funktionen f^x, $(D_1 f)^x$ in $\mathscr{C}(K)$. $D_1 f$ ist auf der kompakten Menge $I \times K$ gleichmäßig

* $D_1 f(x, y)$ bezeichne die partielle Ableitung von f nach der ersten Variablen im Punkte (x, y).

stetig. Daher existiert zu $\varepsilon > 0$ ein $\delta > 0$, so daß für alle (x, y), $(x', y') \in I \times K$ mit $\|(x, y) - (x', y')\| < \delta$ gilt:

$$|D_1 f(x, y) - D_1 f(x', y')| < \varepsilon.$$

Seien nun $x_1, x_2 \in I$ mit $|x_2 - x_1| < \delta$. Nach dem Mittelwertsatz der Differentialrechnung existiert zu jedem $y \in K$ ein x_y zwischen x_1 und x_2, so daß

$$D_1 f(x_y, y) = \frac{f(x_2, y) - f(x_1, y)}{x_2 - x_1}$$

gilt. Für alle $y \in K$ ist $|x_y - x_1| < \delta$, also

$$\|(x_y, y) - (x_1, y)\| = |x_y - x_1| < \delta$$

und somit

$$\left| \frac{f^{x_2}(y) - f^{x_1}(y)}{x_2 - x_1} - (D_1 f)^{x_1}(y) \right| = |D_1 f(x_y, y) - D_1 f(x_1, y)| < \varepsilon.$$

Daher ist nach Satz 1.7

$$\begin{aligned} &\left| \frac{g(x_2) - g(x_1)}{x_2 - x_1} - \mu\left((D_1 f)^{x_1}\right) \right| \\ = &\left| \frac{\mu(f^{x_2}) - \mu(f^{x_1})}{x_2 - x_1} - \mu\left((D_1 f)^{x_1}\right) \right| \\ \leqq \mu &\left(\left| \frac{f^{x_2} - f^{x_1}}{x_2 - x_1} - (D_1 f)^{x_1} \right| \right) \leqq \mu(\varepsilon) = \varepsilon \mu(1). \end{aligned}$$

Daraus folgt die Behauptung. □

2.3 Satz. *Seien $[a_1, b_1], \ldots, [a_n, b_n]$ kompakte Intervalle in* $\mathbf{R}$. *Für jede Funktion $f \in \mathscr{C}([a_1, b_1] \times \ldots \times [a_n, b_n])$ und jede Permutation π von $\{1, \ldots, n\}$ auf sich existiert das iterierte Integral*

$$\int_{a_{\pi(n)}}^{b_{\pi(n)}} \left(\ldots \left(\int_{a_{\pi(1)}}^{b_{\pi(1)}} f(x_1, \ldots, x_n)\, dx_{\pi(1)} \right) \ldots \right) dx_{\pi(n)}.$$

Es ist unabhängig von der speziellen Permutation π.

Beweis. Die Existenz der Integrale ergibt sich durch vollständige Induktion aus 2.1, angewandt auf die Lebesgue-Maße $\lambda_{[a_{\pi(1)}, b_{\pi(1)}]}, \ldots, \lambda_{[a_{\pi(n)}, b_{\pi(n)}]}$. Es genügt, die Unabhängigkeit für

Transpositionen π zu beweisen, da jede Permutation Hintereinanderschaltung endlich vieler Transpositionen ist, sogar solcher, die benachbarte Elemente vertauschen. Damit ist die Behauptung auf den Fall $n=2$ zurückgeführt.

Diese Behauptung ist offenbar richtig, wenn eines der Intervalle einpunktig ist, da dann beide Doppelintegrale verschwinden. Es genügt also zu zeigen:

Sind $I := [a, b]$ und $J := [c, d]$ nicht einpunktige Intervalle in $\mathbf{R}$ und ist $Q := I \times J$, so gilt für jede Funktion $f \in \mathscr{C}(Q)$:

$$\int_a^b \left(\int_c^d f(x,y)\,dy\right)dx = \int_c^d \left(\int_a^b f(x,y)\,dx\right)dy.$$

Dazu definieren wir reelle Funktionen g, G, H auf I und h auf Q durch

$$g(x) \quad := \int_c^d f(x,y)\,dy = \lambda_J(f^x);$$

$$h(x,y) := \int_a^x f(z,y)\,dz;$$

$$G(x) \quad := \int_a^x g(z)\,dz;$$

$$H(x) \quad := \int_c^d h(x,y)\,dy = \lambda_J(h^x).$$

Wir zeigen, daß für alle $x \in I$

$$G(x) = H(x)$$

ist. Speziell für $x = b$ folgt dann die Behauptung.

Nach 2.1 liegt g in $\mathscr{C}(I)$; G ist eine Stammfunktion zu g. h ist stetig auf Q, denn für $(x, y), (x', y') \in Q$ gilt:

$$|h(x,y) - h(x',y')| = \left|\int_a^{x'} f(z,y)\,dz + \int_{x'}^x f(z,y)\,dz - \int_a^{x'} f(z,y')\,dz\right|$$

$$\leqq \int_a^{x'} |f(z,y) - f(z,y')|\,dz + \left|\int_{x'}^x f(z,y)\,dz\right|,$$

woraus die Stetigkeit von h wegen der Beschränktheit und

der gleichmäßigen Stetigkeit von f auf Q folgt. Überdies ist h nach der ersten Variablen partiell differenzierbar mit $D_1 h = f \in \mathscr{C}(Q)$. Nach 2.2 ist dann H auf I differenzierbar. Für alle $x \in I$ gilt

$$H'(x) = \lambda_J\big((D_1 h)^x\big) = \lambda_J(f^x) = g(x) = G'(x).$$

Also ist auch H eine Stammfunktion von g. Aus

$$H(a) = \int_c^d h(a, y)\,dy = 0 = G(a)$$

folgt daher nach dem Eindeutigkeitssatz der Differentialrechnung $G = H$, womit die Behauptung bewiesen ist. □

Offenbar ist die auf $\mathscr{C}([a_1, b_1] \times \ldots \times [a_n, b_n])$ definierte Abbildung

$$f \mapsto \int_{a_n}^{b_n} (\ldots (\int_{a_1}^{b_1} f(x_1, \ldots, x_n)\,dx_1) \ldots)\,dx_n$$

wieder eine positive Linearform. Dies führt zu folgender

2.4 Definition. *Sei $Q \subset \mathbf{R}^n$ ein kompakter Quader, d.h. ein Produkt $Q = [a_1, b_1] \times \ldots \times [a_n, b_n]$ von n kompakten Intervallen. Die auf $\mathscr{C}(Q)$ durch*

$$\lambda_Q(f) := \int_{a_n}^{b_n} (\ldots (\int_{a_1}^{b_1} f(x_1, \ldots, x_n)\,dx_1) \ldots)\,dx_n \tag{2.1}$$

definierte positive Linearform λ_Q heiße Lebesgue-Maß auf Q.

Für den Fall $n = 1$ stimmt die Definition mit der in 1.2, Beispiel (1) gegebenen überein. Offenbar ist $\lambda_Q = 0$, wenn $a_i = b_i$ für ein $i \in \{1, \ldots, n\}$ gilt. Satz 2.3 zeigt, wie man das λ_Q-Maß einer stetigen Funktion durch sukzessive Auswertung von Integralen über Intervalle berechnet.

2.5 Satz. *Seien $X \subset \mathbf{R}^m$ und $Y \subset \mathbf{R}^n$ kompakte Quader. Für jedes Paar stetiger Funktionen $(f, g) \in \mathscr{C}(X) \times \mathscr{C}(Y)$ ist das auf $X \times Y$ durch*

$$f \otimes g(x, y) := f(x)\,g(y) \tag{2.2}$$

definierte Tensorprodukt $f \otimes g$ eine stetige reelle Funktion *auf $X \times Y$, und es gilt*

$$\lambda_{X \times Y}(f \otimes g) = \lambda_X(f)\, \lambda_Y(g). \tag{2.3}$$

Beweis. Die Stetigkeit von $f \otimes g$ ist klar. Die Gleichheit (2.3) folgt dann sofort aus Satz 2.3. □

2.6 Beispiel. Sei Q ein kompakter Quader im $\mathbf{R}^n$. Für jede Permutation π von $[1, \ldots, n]$ ist die auf Q durch

$$(x_1, \ldots x_n) \mapsto (x_{\pi(1)}, \ldots, x_{\pi(n)})$$

definierte Abbildung φ ein Homöomorphismus von Q auf den Quader $\varphi(Q)$.

Das Bildmaß $\varphi(\lambda_Q)$ des Lebesgue-Maßes auf Q unter dieser Abbildung stimmt mit dem Lebesgue-Maß $\lambda_{\varphi(Q)}$ auf $\varphi(Q)$ überein.

Man hat dabei nur zu beachten, daß definitionsgemäß für jede Funktion $f \in \mathscr{C}(\varphi(Q))$ gilt:

$$\lambda_Q(f \circ \varphi) = \int_{a_n}^{b_n} (\ldots (\int_{a_1}^{b_1} f(x_{\pi(1)}, \ldots, x_{\pi(n)})\, dx_1) \ldots)\, dx_n$$

sowie

$$\lambda_{\varphi(Q)}(f) = \int_{a_{\pi(n)}}^{b_{\pi(n)}} (\ldots (\int_{a_{\pi(1)}}^{b_{\pi(1)}} f(x_{\pi(1)}, \ldots, x_{\pi(n)})\, dx_{\pi(1)}) \ldots)\, dx_{\pi(n)}.$$

Zufolge Satz 2.3 und nach Definition des Bildmaßes $\varphi(\lambda_Q)$ ist somit

$$\lambda_{\varphi(Q)}(f) = \lambda_Q(f \circ \varphi) = \varphi(\lambda_Q)(f)$$

für alle $f \in \mathscr{C}(\varphi(Q))$, d.h. $\lambda_{\varphi(Q)} = \varphi(\lambda_Q)$.

§ 3 Halbstetige Funktionen

Der Weg zu unserem Ziel, für möglichst viele Funktionen ein Integral zu erklären, führt zunächst zu einer die stetigen Funktionen umfassenden, aber mit diesen eng zusammenhängenden Menge sogenannter halbstetiger Funktionen. Dabei bezeichnen wir im folgenden mit E stets einen metrischen Raum.

3.1 Definition. *Eine numerische Funktion* $f: E \to \bar{\mathbf{R}}$ *auf* E *heiße in einem Punkte* $x \in E$ *nach unten (oben) halbstetig, wenn zu jedem* $\alpha \in \mathbf{R}$ *mit* $\alpha < f(x)$ $(\alpha > f(x))$ *eine Umgebung* U_α *von* x *existiert, so daß für alle* $y \in U_\alpha$ *gilt:*

$$\alpha < f(y) \quad (\alpha > f(y)).$$

f *heiße auf* E *nach unten (oben) halbstetig, wenn* f *in jedem Punkt von* E *nach unten (oben) halbstetig ist.*

Man beachte, daß f in jedem Punkt x nach unten halbstetig ist, in dem $f(x) = -\infty$ ist.

3.2 Beispiel. *Eine Teilmenge* $A \subset E$ *ist genau dann offen (abgeschlossen), wenn ihre Indikatorfunktion* $1_A: E \to \mathbf{R}$, definiert durch

$$(3.1) \qquad 1_A(x) := \begin{cases} 1, & x \in A \\ 0, & x \notin A \end{cases},$$

nach unten (oben) halbstetig ist.

$\bar{\mathbf{R}}$ sei stets mit der Metrik versehen, für welche die *Schränkungstransformation* $s: \bar{\mathbf{R}} \to [-1, 1]$, definiert durch

$$(3.2) \qquad s(x) = \begin{cases} \dfrac{x}{1+|x|}, & x \in \mathbf{R} \\ +1, & x = +\infty, \\ -1, & x = -\infty \end{cases}$$

eine Isometrie ist. Wir werden im folgenden häufig benutzen, daß s ein ordnungstreuer Homöomorphismus von $\bar{\mathbf{R}}$ auf $[-1, 1]$ ist.

Für jede numerische Funktion $f: E \to \bar{\mathbf{R}}$ und jede Zahl $\alpha \in \mathbf{R}$ bezeichnen wir mit $\{f > \alpha\}$ das Urbild $f^{-1}(]\alpha, \infty])$, d.h. die Menge aller $x \in E$, für die $f(x) > \alpha$ gilt. Entsprechend sei $\{f \geqq \alpha\} := \{x \in E : f(x) \geqq \alpha\}$. Analog werden die Mengen $\{f < \alpha\}$ und $\{f \leqq \alpha\}$ definiert.

Ist f stetig, so ist das Urbild $f^{-1}(]\alpha, \infty]) = \{f > \alpha\}$ der in $\bar{\mathbf{R}}$ offenen Menge $]\alpha, \infty]$ offen in E für jedes $\alpha \in \mathbf{R}$. Diese Eigenschaft kennzeichnet die nach unten halbstetigen Funktionen:

3.3 Satz. *Für jede Funktion $f: E \to \bar{\mathbf{R}}$ sind folgende Aussagen gleichwertig:*

1. *f ist nach unten halbstetig.*
2. *$-f$ ist nach oben halbstetig.*
3. *Für jedes $\alpha \in \mathbf{R}$ ist $\{f > \alpha\}$ offen.*
4. *Für jedes $\alpha \in \mathbf{R}$ ist $\{f \leqq \alpha\}$ abgeschlossen.*

Die Beweise folgen sofort aus der Definition.

3.4 Korollar. *Für jede Funktion $f: E \to \bar{\mathbf{R}}$ und jeden Punkt $x \in E$ gilt: f ist genau dann stetig in x, wenn f nach unten und nach oben halbstetig in x ist.*

Beweis. Sei f nach oben und nach unten halbstetig in $x \in E$. Ist $|f(x)| < \infty$, so ist für alle $\varepsilon > 0$

$$\{f > f(x) - \varepsilon\} \cap \{f < f(x) + \varepsilon\} = \{y \in E: -\varepsilon < f(y) - f(x) < \varepsilon\}$$

eine offene Umgebung von x.
Ist $f(x) = +\infty$ bzw. $f(x) = -\infty$, so ist $\{f > \alpha\}$ bzw. $\{f < \alpha\}$ eine offene Umgebung von x für alle $\alpha \in \mathbf{R}$. Daher ist f in x stetig. Die Umkehrung ist trivial. □

Wir erinnern an die im folgenden ständig benutzten *Regeln für das Rechnen in* $\bar{\mathbf{R}}$: Diese werden für die Addition durch

$$\infty + \infty = \infty, \quad -\infty - \infty = -\infty, \quad \alpha \pm \infty = \pm\infty \qquad (\alpha \in \mathbf{R})$$

festgelegt.
Für die Multiplikation vereinbaren wir

$$\alpha \cdot (\pm\infty) = (\pm\infty) \cdot \alpha = \begin{cases} \pm\infty, & \alpha > 0,\ \alpha \in \bar{\mathbf{R}} \\ \mp\infty, & \alpha < 0,\ \alpha \in \bar{\mathbf{R}} \\ 0, & \alpha = 0. \end{cases}$$

Nicht definiert sind $+\infty - \infty$ und $-\infty + \infty$.

Sind $\alpha \in \bar{\mathbf{R}}$ und $f, g: E \to \bar{\mathbf{R}}$ numerische Funktionen auf E, so bezeichnen wir mit $f + g$, αf, fg, $\sup(f, g)$ und $\inf(f, g)$ die durch

$$(f + g)(x) = f(x) + g(x) \tag{3.3}$$

(3.4) $(\alpha f)(x) = \alpha f(x)$

(3.5) $(fg)(x) = f(x)\,g(x)$

(3.6) $\sup(f,g)(x) = \sup\big(f(x), g(x)\big) = \max\big(f(x), g(x)\big)$

(3.7) $\inf(f,g)(x) = \inf\big(f(x), g(x)\big) = \min\big(f(x), g(x)\big)$

definierten numerischen Funktionen. Dabei sind die durch (3.4) bis (3.7) erklärten Funktionen auf ganz E definiert, $f+g$ jedoch nur für solche $x \in E$, für welche $f(x)+g(x)$ gemäß obiger Rechenregeln sinnvoll ist. (3.3) bzw. (3.4) dehnen (1.1) bzw. (1.2) auf den Fall numerischer Funktionen aus.

3.5 Satz. *Sind $f, g: E \to \overline{\mathbf{R}}$ nach unten bzw. nach oben halbstetig in $x \in E$, so gilt dies ebenfalls für die Funktionen*

1. $f+g$ (*sofern überall definiert*),
2. αf *für* $\alpha \in \mathbf{R}_+$,
3. $\inf(f,g)$,
4. $\sup(f,g)$,
5. fg, *sofern* $f, g \geqq 0$ *und* $\{f(x), g(x)\} \neq \{0, \infty\}$.

Beweis. Wir zeigen etwa (5) für in x nach oben halbstetige Funktionen f und g (die anderen Beweise verlaufen analog). Hierzu seien $x \in E$ und $\alpha \in \mathbf{R}$ mit $f(x)\,g(x) < \alpha$ gegeben. $f(x)$ und $g(x)$ können dann nicht beide gleich ∞ sein. Ist einer der beiden Faktoren $\neq 0$, so ist wegen $\{f(x), g(x)\} \neq \{0, \infty\}$ sogar einer der Faktoren $\neq 0$ und reell, also etwa der zweite Faktor: $0 < g(x) < \infty$. Aus $f(x)\,g(x) < \alpha$ folgt daher die Existenz eines $\beta \in \mathbf{R}$ mit $f(x) < \beta < \dfrac{\alpha}{g(x)}$, also mit $f(x) < \beta$ und $g(x) < \gamma := \dfrac{\alpha}{\beta}$. Nach Voraussetzung existieren dann Umgebungen U_1 und U_2 von x mit $f(y) < \beta$ bzw. $g(y) < \gamma$ für alle $y \in U_1$ bzw. $y \in U_2$. Dann aber ist $U_1 \cap U_2$ eine Umgebung von x mit $f(y)\,g(y) < \beta\gamma = \alpha$ für alle $y \in U_1 \cap U_2$.

Sind beide Faktoren gleich Null, so existieren Umgebungen U_1 und U_2 von x mit $f(y) < \sqrt{\alpha}$ bzw. $g(y) < \sqrt{\alpha}$ für alle $y \in U_1$ bzw. $y \in U_2$, also mit $f(y)\,g(y) < \alpha$ für alle $y \in U_1 \cap U_2$. □

Nach (5) ist das Produkt zweier nicht-negativer nach oben

halbstetiger Funktionen, die den Wert $+\infty$ nicht annehmen, wieder nach oben halbstetig.

Daß das Produkt zweier nach oben halbstetiger Funktionen $f \geqq 0$ und $g \geqq 0$ jedoch nicht generell nach oben halbstetig ist, zeigt folgendes Beispiel, in dem sogar ein Faktor stetig und reellwertig ist:

3.6 Beispiel. Auf $E := [0,1]$ sei f die identische, g die konstante Abbildung mit Wert $+\infty$. Dann ist fg im Nullpunkt nicht nach oben halbstetig.

Die Aussagen (3) und (4) des vorangehenden Satzes 3.5 lassen sich noch verschärfen:

3.7 Satz. *Sei $x \in E$ und $(f_i)_{i \in I}$ eine Familie numerischer Funktionen auf E, die in x nach unten bzw. oben halbstetig sind. Dann ist auch die auf E definierte obere bzw. untere Einhüllende*

$$\sup_{i \in I} f_i : y \mapsto \sup_{i \in I} f_i(y) \tag{3.8}$$

bzw.

$$\inf_{i \in I} f_i : y \mapsto \inf_{i \in I} f_i(y) \tag{3.9}$$

in x nach unten bzw. oben halbstetig.

Beweis. Für jedes $i \in I$ sei f_i nach unten halbstetig in x. Ist $\alpha \in \mathbf{R}$ so gewählt, daß

$$\sup_{i \in I} f_i(x) > \alpha$$

ist, so gibt es ein $j \in I$, für das

$$f_j(x) > \alpha$$

gilt. Dann aber existiert eine Umgebung U von x, so daß für alle $y \in U$

$$\sup_{i \in I} f_i(y) \geqq f_j(y) > \alpha$$

gilt. Aus 3.3 folgt dann auch die Behauptung für nach oben

halbstetige Funktionen wegen

$$\inf_{i\in I} f_i = -\sup_{i\in I}(-f_i). \square$$

Der Satz 3.7 zeigt insbesondere, daß obere und untere Einhüllende einer Familie stetiger Funktionen halbstetige Funktionen sind. Bemerkenswerterweise gilt hiervon auch die Umkehrung. Bei deren Formulierung machen wir erstmals von einer im folgenden häufig benutzten Schreibweise Gebrauch:

Sind f_n und f auf einer Menge definierte numerische Funktionen, so bringen wir die Isotonie der Folge $(f_n)_{n\in\mathbf{N}}$ mit oberer Einhüllenden $f = \sup_{n\in\mathbf{N}} f_n$ durch das Zeichen $f_n \uparrow f$ zum Ausdruck. Für antitone Folgen $(f_n)_{n\in\mathbf{N}}$ mit unterer Einhüllenden f schreiben wir $f_n \downarrow f$.

3.8 Satz. *Zu jeder nach unten bzw. oben halbstetigen Funktion $h: E \to \overline{\mathbf{R}}$ gibt es eine Folge $(g_n)_{n\in\mathbf{N}}$ stetiger numerischer Funktionen auf E mit*

(3.10) $$g_n \uparrow h \quad \text{bzw.} \quad g_n \downarrow h.$$

Ist h überdies nach unten bzw. oben beschränkt, so können die g_n sogar reell gewählt werden.

Beweis. Sei d die Metrik von E und h etwa nach unten halbstetig auf E. Die in (3.2) angegebene Schränkungstransformation s ist ein ordnungstreuer Homöomorphismus von $\overline{\mathbf{R}}$ auf $[-1, 1]$. Daher ist $s \circ h$ genau dann nach unten halbstetig auf E, wenn dies für h gilt. Somit kann angenommen werden, daß $h(E) \subset [-1, 1]$ ist.

(1) Sei zunächst vorausgesetzt, daß $h = 1_U$ die Indikatorfunktion einer offenen Menge $U \subset E$ ist (vgl. 3.2). Die Abbildung

$$x \mapsto d(x, E \setminus U)$$

ist bekanntlich stetig auf E. Daher sind für alle $n \in \mathbf{N}$ die Funktionen

$$g_n : x \mapsto n \inf\left(d(x, E\setminus U), \frac{1}{n}\right)$$

stetig auf E. Für $x \in E$, $m, n \in \mathbf{N}$ mit $m \leqq n$ gilt: Ist $\delta := d(x, E \setminus U) \geqq \frac{1}{n}$, so ist $g_m(x) \leqq g_n(x) = 1$. Ist $\delta < \frac{1}{n}$, so ist $g_m(x) = m\delta \leqq n\delta = g_n(x)$. Die Folge (g_n) ist also isoton. Für $x \notin U$ und alle $n \in \mathbf{N}$ ist $g_n(x) = h(x) = 0$. Für $x \in U$ ist $d(x, E \setminus U) > 0$, so daß $g_n(x) = h(x) = 1$ für ein $n \in \mathbf{N}$ gilt. Aus $g_n \leqq 1$ für alle $n \in \mathbf{N}$ folgt dann (3.10).

(2) Im allgemeinen Fall betrachte man für jedes $n \in \mathbf{N}$ und jedes $k = 0, \ldots, n-1$ die offenen Mengen $U_{kn} := \{h > \frac{2k}{n} - 1\}$. Die Funktionen

$$f_1 := -1,$$
$$f_n := -1 + \frac{2}{n} \sum_{k=1}^{n-1} 1_{U_{kn}} \qquad (1 < n \in \mathbf{N})$$

sind gemäß 3.5 nach unten halbstetig. Zu jedem $n \in \mathbf{N}$ und jedem $x \in E$ existiert ein $k \in \{0, \ldots, n-1\}$, so daß gilt:

$$\frac{2k}{n} - 1 \leqq h(x) \leqq \frac{2(k+1)}{n} - 1,$$

also

$$-1 + \frac{2}{n}(k-1) \leqq f_n(x) \leqq -1 + \frac{2}{n} k$$

und folglich

$$0 \leqq h(x) - f_n(x) \leqq \frac{4}{n}.$$

Daher ist $h = \sup f_n$.

Nach (1) existiert zu jedem $n \in \mathbf{N}$ und jedem $k = 0, \ldots, n-1$ eine isotone Folge stetiger Funktionen, die punktweise gegen $1_{U_{kn}}$ konvergiert. Daher gibt es zu jedem $n \in \mathbf{N}$ für die Linearkombination f_n eine isotone Folge $(h_{mn})_{m \in \mathbf{N}}$ stetiger Funktionen mit $\sup\limits_{m \in \mathbf{N}} h_{mn} = f_n$. Folglich ist

$$h = \sup_{m, n \in \mathbf{N}} h_{mn}.$$

Setzt man für $n \in \mathbf{N}$

$$g_n := \sup \{h_{pq} : p, q \in \mathbf{N};\, p, q \leqq n\},$$

so ist (g_n) eine isotone Folge stetiger Funktionen, welche die gesuchte Eigenschaft (3.10) besitzt.

Ist h nun überdies nach unten beschränkt, etwa durch $\alpha \in \mathbf{R}$, so ist die Folge der Funktionen $f_n := \sup(\alpha, \inf(g_n, n))$ eine isotone Folge in $\mathscr{C}(E)$ mit $h = \sup f_n$. □

Ist der metrische Raum E kompakt, so ist jede nach unten halbstetige Funktion bereits dann nach unten beschränkt, wenn sie den Wert $-\infty$ nicht annimmt. Es gilt nämlich folgende Verallgemeinerung eines bekannten Satzes, wonach jede stetige reelle Funktion auf einem solchen Raum ihre obere und untere Grenze als Wert annimmt.

3.9 Satz. *E sei ein kompakter metrischer Raum. Jede nach unten bzw. oben halbstetige Funktion $f: E \to \overline{\mathbf{R}}$ nimmt den Wert $\inf\limits_{x \in E} f(x)$ bzw. $\sup\limits_{x \in E} f(x)$ in einem Punkt von E an.*

Beweis. Sei etwa f nach unten halbstetig. Die Behauptung ist trivial, wenn f die konstante Funktion mit Wert ∞ ist. Sei daher $\beta := \inf\limits_{x \in E} f(x) < \infty$ und (α_n) eine antitone Folge reeller Zahlen $\alpha_n > \beta$ mit

$$\lim \alpha_n = \inf \alpha_n = \beta .$$

Die Mengen $\{f \leqq \alpha_n\}$ sind nicht leer und nach 3.3 abgeschlossen, also kompakt. Ferner gilt für alle $n \in \mathbf{N}$:

$$\{f \leqq \alpha_{n+1}\} \subset \{f \leqq \alpha_n\} .$$

Nach dem *Cantor*schen Durchschnittsatz ist dann

$$\{x \in E : f(x) = \beta\} = \{f \leqq \beta\} = \bigcap_{n \in \mathbf{N}} \{f \leqq \alpha_n\} \neq \emptyset . \; \square$$

Für die Integrationstheorie spielen nun folgende Mengen halbstetiger Funktionen eine wesentliche Rolle:

3.10 Definition. *$\mathscr{H}^u = \mathscr{H}^u(E)$ bzw. $\mathscr{H}^o = \mathscr{H}^o(E)$ bezeichne die Menge aller nach unten bzw. nach oben halbstetigen numerischen Funktionen auf E, die den Wert $-\infty$ bzw. $+\infty$ nicht annehmen.*

3.11 Bemerkungen. Nach Satz 3.3 ist

$$\mathscr{H}^u = -\mathscr{H}^o, \tag{3.11}$$

und Satz 3.4 zeigt, daß

$$\mathscr{C}(E) = \mathscr{H}^u(E) \cap \mathscr{H}^o(E) \tag{3.12}$$

gilt. $\mathscr{H}^u$ ist stabil bezüglich der Bildung des Infimums endlich vieler und des Supremums beliebig vieler Funktionen sowie unter Addition und Multiplikation mit positiven Konstanten (vgl. Sätze 3.5 und 3.7).

3.9 und 3.8 lehren:

Ist E überdies kompakt, so existiert zu jeder Funktion $h \in \mathscr{H}^u(E)$ eine Folge $(f_n)_{n \in \mathbf{N}}$ in $\mathscr{C}(E)$ mit

$$f_n \uparrow h. \tag{3.13}$$

Insbesondere ist

$$h = \sup\{f \in \mathscr{C}(E) : f \leqq h\}. \tag{3.14}$$

Entsprechend gilt für $h \in \mathscr{H}^o(E)$

$$h = \inf\{f \in \mathscr{C}(E) : f \geqq h\}. \tag{3.15}$$

§ 4 Fortsetzung eines Radon-Maßes auf halbstetige Funktionen

In diesem Abschnitt sei E ein kompakter metrischer Raum und μ ein Maß auf E. Wir können nun wie angekündigt als ersten Schritt zur Definition des Integrals das Maß μ auf die $\mathscr{C}(E)$ umfassende Menge $\mathscr{H}^u(E) \cup \mathscr{H}^o(E)$ halbstetiger Funktionen fortsetzen. (3.14) und (3.15) motivieren dabei die folgende Definition.

4.1 Definition. *Für $h \in \mathscr{H}^u$ sei*

$$\mu^*(h) := \sup\{\mu(f) : f \in \mathscr{C}(E), f \leqq h\}; \tag{4.1}$$

für $h \in \mathscr{H}^o$ sei

$$(4.2) \qquad \mu_*(h) := \inf \{\mu(f) : f \in \mathscr{C}(E), f \geqq h\}.$$

Sofern die Ausdrücke (4.1) bzw. (4.2) endlich sind, werden sie den Wert des zu definierenden Integrals von f bezüglich μ darstellen.

Zunächst zeigen wir, daß μ^* bzw. μ_* das Maß μ auf $\mathscr{H}^u$ bzw. $\mathscr{H}^o$ fortsetzen:

4.2 Satz. 1. *Für alle* $f \in \mathscr{C}(E)$ *gilt:*

$$(4.3) \qquad \mu_*(f) = \mu(f) = \mu^*(f).$$

2. *Für alle* $h \in \mathscr{H}^u$ *gilt:*

$$(4.4) \qquad \mu^*(h) = -\mu_*(-h).$$

Beweis. (1) folgt aus der Isotonie von μ und aus $\mathscr{C}(E) = \mathscr{H}^u \cap \mathscr{H}^o$, (2) sofort aus der Definition. □

Im folgenden soll gezeigt werden, daß μ^* nicht nur (3.14), sondern die schärfere Eigenschaft (3.13) respektiert. Dazu erweist sich folgende Definition als zweckmäßig.

4.3 Definition. *Eine Familie* $(f_i)_{i \in I}$ *numerischer Funktionen auf E heiße aufsteigend filtrierend, wenn zu jedem* $(i_1, i_2) \in I \times I$ *ein* $i_3 \in I$ *existiert, so daß* $f_{i_1} \leqq f_{i_3}$ *und* $f_{i_2} \leqq f_{i_3}$ *gilt.*

Zum Beispiel ist jede isotone Folge eine aufsteigend filtrierende Familie.

4.4 Satz. *Für jede aufsteigend filtrierende Familie* $(f_i)_{i \in I}$ *in* $\mathscr{H}^u$ *gilt:*

$$(4.5) \qquad \mu^*(\sup_{i \in I} f_i) = \sup_{i \in I} \mu^*(f_i).$$

Beweis. Wir zeigen zunächst, daß μ^* auf $\mathscr{H}^u$ isoton ist. Für $h_1, h_2 \in \mathscr{H}^u$ mit $h_1 \leqq h_2$ und $f \in \mathscr{C}(E)$ mit $f \leqq h_1$ gilt $\mu(f) \leqq \mu^*(h_2)$, also folgt definitionsgemäß $\mu^*(h_1) \leqq \mu^*(h_2)$.

Somit gilt für die nach 3.11 in $\mathscr{H}^u$ gelegene Funktion $\sup_{i \in I} f_i$:

$$\sup_{i \in I} \mu^*(f_i) \leqq \mu^*(\sup_{i \in I} f_i).$$

Um die duale Ungleichung zu beweisen, wähle man $f \in \mathscr{C}(E)$

so, daß $f \leqq \sup f_i$ ist. Dann haben wir zu zeigen:

$$\mu(f) \leqq \sup_{i \in I} \mu^*(f_i).$$

Sei nun $\varepsilon > 0$ vorgegeben. Für alle $i \in I$ ist $f_i - f \in \mathscr{H}^u$, also $U_{i,\varepsilon} := \{f_i - f > -\varepsilon\}$ offen. Da $E = \bigcup_{i \in I} U_{i,\varepsilon}$ kompakt ist, gibt es ein $n \in \mathbf{N}$ und $i_1, \ldots, i_n \in I$, so daß $E = U_{i_1,\varepsilon} \cup \ldots \cup U_{i_n,\varepsilon}$ ist. Daher ist

$$f - \varepsilon \leqq \sup_{k=1,\ldots,n} f_{i_k}.$$

Da (f_i) aufsteigend filtrierend ist, existiert ein $j \in I$, so daß

$$f - \varepsilon \leqq \sup_{k=1,\ldots,n} f_{i_k} \leqq f_j$$

gilt. Aus der Isotonie von μ^* auf $\mathscr{H}^u$ folgt dann:

$$\mu(f) - \varepsilon\mu(1) = \mu(f - \varepsilon) = \mu^*(f - \varepsilon) \leqq \mu^*(f_j) \leqq \sup_{i \in I} \mu^*(f_i).$$

Da $\varepsilon > 0$ beliebig war, gilt somit:

$$\mu(f) \leqq \sup_{i \in I} \mu^*(f_i). \square^*$$

4.5 Satz. *μ^* bzw. μ_* ist auf $\mathscr{H}^u$ bzw. $\mathscr{H}^o$ additiv, positiv homogen und isoton.*

Beweis. Wir zeigen die Behauptung für μ^*, aus 4.2 (2) folgt sie dann auch für μ_*.

(1) Additivität: Seien $f, g \in \mathscr{H}^u$ und (f_n), (g_n) Folgen in $\mathscr{C}(E)$ mit $f_n \uparrow f$, $g_n \uparrow g$. Dann gilt $f_n + g_n \uparrow f + g$, also gilt wegen der Isotonie dieser Folge nach Satz 4.4

$$\mu^*(f+g) = \lim_{n\to\infty} \mu(f_n + g_n) = \lim_{n\to\infty} \mu(f_n) + \lim_{n\to\infty} \mu(g_n) = \\ = \mu^*(f) + \mu^*(g).$$

* Im Beweis haben wir gezeigt, daß eine aufsteigend filtrierende Familie $(f_i)_{i\in I}$ von Funktionen in $\mathscr{H}^u$, deren obere Einhüllende f in $\mathscr{C}(E)$ liegt, f auf dem kompakten Raum E gleichmäßig approximiert, daß also zu jedem $\varepsilon > 0$ ein $j \in I$ existiert, so daß $0 \leqq f - f_j \leqq \varepsilon$ gilt. Dies ist die Aussage des Satzes von *Dini*, der häufig nur für isotone Folgen stetiger reeller Funktionen f_i formuliert wird.

(2) Zum Nachweis der positiven Homogenität seien $h \in \mathscr{H}^u$ und $\alpha \in \mathbf{R}_+$. Dann ist zu zeigen, daß

$$\mu^*(\alpha h) = \alpha \mu^*(h)$$

gilt. Für jede Folge (f_n) in $\mathscr{C}(E)$ mit $f_n \uparrow h$ gilt $\alpha f_n \uparrow \alpha h$, also nach 4.4

$$\mu^*(\alpha h) = \sup_{n \in \mathbf{N}} \mu(\alpha f_n) = \alpha \sup_{n \in \mathbf{N}} \mu(f_n) = \alpha \mu^*(h).$$

(3) Die Isotonie wurde bereits in 4.4 nachgewiesen. □

4.6 Beispiele. (1) Sei $E := [\alpha, \beta]$ ein kompaktes Intervall und $\mu = \lambda_E$. Für $a, b \in E$ mit $a \leqq b$ gilt dann

(4.6) $$\lambda_E^*(1_{]a,b[}) = (\lambda_E)_*(1_{[a,b]}) = b - a.$$

Dies läßt sich folgendermaßen einsehen: Für $n \in \mathbf{N}$ sei $a_n := \min\left(a + \frac{1}{n}, b\right)$, $b_n := \max\left(b - \frac{1}{n}, a\right)$, $\alpha_n := \max\left(\alpha, a - \frac{1}{n}\right)$ und $\beta_n := \min\left(\beta, b + \frac{1}{n}\right)$.

h_n bzw. g_n bezeichne die stückweise affin-lineare Funktion auf E, welche auf $[a_n, b_n]$ für $a_n < b_n$ bzw. $[a, b]$ den Wert 1 und auf $E \setminus [a, b]$ bzw. $E \setminus [\alpha_n, \beta_n]$ den Wert 0 hat. Für $a_n \geqq b_n$ sei $h_n = 0$ vereinbart. Dann gilt für die Folgen (h_n) und (g_n) in $\mathscr{C}(E)$:

$$h_n \uparrow 1_{]a,b[}, \; g_n \downarrow 1_{[a,b]}.$$

Für $a < b$ folgt aus 4.4 und der Definition von h_n für große n:

$$\lambda_E^*(1_{]a,b[}) = \sup_{n \in \mathbf{N}} \lambda_E(h_n) = \sup_{n \in \mathbf{N}} \int_\alpha^\beta h_n(x)\,dx$$

$$= \sup_{n \in \mathbf{N}} \Big(\int_a^{a+\frac{1}{n}} h_n(x)\,dx + \int_{a+\frac{1}{n}}^{b-\frac{1}{n}} h_n(x)\,dx + \int_{b-\frac{1}{n}}^{b} h_n(x)\,dx \Big)$$

$$= \sup_{n \in \mathbf{N}} \left(\frac{1}{2n} + b - a - \frac{2}{n} + \frac{1}{2n} \right) = \sup_{n \in \mathbf{N}} \left(b - a - \frac{1}{n} \right) = b - a.$$

Für $a = b$ ist $h_n = 0$ für alle $n \in \mathbf{N}$, also erhält man das gleiche Ergebnis.

Analog zeigt man die zweite Behauptung.

(2) Sei $a \in E$, $\mu = \varepsilon_a$. Für $f \in \mathscr{H}^u$ ist

$$\varepsilon_a^*(f) = f(a), \tag{4.7}$$

und für $f \in \mathscr{H}^o$ gilt

$$(\varepsilon_a)_*(f) = f(a). \tag{4.8}$$

Sei nämlich $f \in \mathscr{H}^u$ und (f_n) eine isotone Folge stetiger reeller Funktionen auf E mit $f_n \uparrow f$. Dann ist nach 4.4

$$\varepsilon_a^*(f) = \sup_{n \in \mathbf{N}} \varepsilon_a(f_n) = \sup_{n \in \mathbf{N}} f_n(a) = f(a).$$

Die zweite Behauptung folgt aus Satz 4.2 (2).

(3) Für $\mu_1, \mu_2 \in \mathscr{M}_+(E)$ und $f \in \mathscr{H}^u(E)$ ist

$$(\mu_1 + \mu_2)^*(f) = \mu_1^*(f) + \mu_2^*(f). \tag{4.9}$$

Ist nämlich (f_n) eine Folge in $\mathscr{C}(E)$ mit $f_n \uparrow f$, so gilt

$$\begin{aligned}(\mu_1 + \mu_2)^*(f) &= \lim_{n\to\infty} (\mu_1 + \mu_2)(f_n) = \lim_{n\to\infty} \big(\mu_1(f_n) + \mu_2(f_n)\big)\\ &= \lim_{n\to\infty} \mu_1(f_n) + \lim_{n\to\infty} \mu_2(f_n) = \mu_1^*(f) + \mu_2^*(f).\end{aligned}$$

Entsprechend sieht man ein, daß für $\mu \in \mathscr{M}_+(E)$, $\alpha \geqq 0$ und $f \in \mathscr{H}^u(E)$

$$(\alpha\mu)^*(f) = \alpha\mu^*(f) \tag{4.10}$$

gilt.

Insbesondere ist gemäß (2) für jedes diskrete Maß

$$\mu = \sum_{i=1}^{n} \alpha_i \varepsilon_{a_i} \text{ auf } E \qquad (a_i \in E,\ \alpha_i \geqq 0)$$

$$\mu^*(f) = \sum_{i=1}^{n} \alpha_i f(a_i) \qquad \big(f \in \mathscr{H}^u(E)\big). \tag{4.11}$$

(4) Auf dem kompakten metrischen Raum E sei $\nu = g\mu$ ein Maß mit der Dichte $g \in \mathscr{C}_+(E)$ bezüglich $\mu \in \mathscr{M}_+(E)$. Für jede Funktion $f \in \mathscr{H}^u$ liegt dann auch fg in $\mathscr{H}^u$, und es gilt:

$$\nu^*(f) = \mu^*(fg). \tag{4.12}$$

Daß fg in $\mathscr{H}^u$ liegt, folgt aus (3.14), wonach f die obere Einhüllende aller in $\mathscr{C}(E)$ gelegenen Minoranten ist. Hieraus folgt wegen $g \in \mathscr{C}_+(E)$

$$fg = \sup\{hg : h \in \mathscr{C}(E), h \leqq f\},$$

also ist $fg \in \mathscr{H}^u$ gemäß Satz 3.7. Wegen $g \geqq 0$ ist die Menge der Funktionen hg mit $h \in \mathscr{C}(E)$ und $h \leqq f$ aufsteigend filtrierend. Mit $h_1 g$ und $h_2 g$ liegt nämlich auch $\sup(h_1, h_2) \cdot g$ in dieser Menge. Aus Satz 4.4 folgt daher

$$\begin{aligned}\mu^*(fg) &= \sup\{\mu(hg) : h \in \mathscr{C}(E), h \leqq f\} \\ &= \sup\{\nu(h) : h \in \mathscr{C}(E), h \leqq f\} = \nu^*(f),\end{aligned}$$

also (4.12).

(5) Sei $\varphi : E \to F$ eine stetige Abbildung des kompakten metrischen Raumes E in einen zweiten derartigen Raum F. $\nu := \varphi(\mu)$ sei das Bild des Maßes μ auf E bei der Abbildung φ. Dann liegt mit jeder Funktion $f \in \mathscr{H}^u(F)$ die Funktion $f \circ \varphi$ in $\mathscr{H}^u(E)$, und es gilt

$$\nu^*(f) = \mu^*(f \circ \varphi). \tag{4.13}$$

In der Tat: Es ist f das Supremum aller $g \in \mathscr{C}(F)$ mit $g \leqq f$ und daher

$$f \circ \varphi = \sup\{g \circ \varphi : g \in \mathscr{C}(F), g \leqq f\}.$$

Die Funktionen $g \circ \varphi$ mit $g \in \mathscr{C}(F)$ liegen wegen der Stetigkeit von φ in $\mathscr{C}(E)$. Die Menge dieser Funktionen mit $g \leqq f$ ist aufsteigend filtrierend. Die Behauptung folgt daher aus 4.4.

§ 5 Integration numerischer Funktionen

In diesem Abschnitt sei E ein kompakter metrischer Raum und μ ein Maß auf E.

Unser Ziel, das Integral als Fortsetzung des Maßes auf einer möglichst großen Menge von numerischen Funktionen unter Erhaltung der Eigenschaften Additivität (1.8), Homogenität (1.9), Isotonie (1.24) zu definieren, erreichen wir nun in zwei

Schritten: Zunächst werden μ^* bzw. μ_* (und damit μ) zu einem Oberintegral bzw. Unterintegral auf die Menge *aller* numerischen Funktionen fortgesetzt. Diese Fortsetzungen werden zwar noch positiv homogen und isoton, im allgemeinen aber nicht mehr additiv sein. Die Forderung nach Homogenität oder Additivität einer dieser Fortsetzungen wird dann in natürlicher Weise zum Begriff der integrierbaren Funktion führen.

Jede numerische Funktion f auf E ist untere (obere) Einhüllende ihrer in $\mathscr{H}^u$ ($\mathscr{H}^o$) liegenden Majoranten (Minoranten), denn für $a \in E$ und $n \in \mathbf{N}$ liegt die durch

$$h_n^a(x) := \begin{cases} \sup(-n, f(a)), & x = a \\ +\infty, & x \neq a \end{cases}$$

auf E definierte Funktion h_n^a in $\mathscr{H}^u$ und die durch

$$g_n^a(x) := \begin{cases} \inf(n, f(a)), & x = a \\ -\infty, & x \neq a \end{cases}$$

definierte Funktion g_n^a in $\mathscr{H}^o$. Somit ist

$$f = \sup_{\substack{g \in \mathscr{H}^o \\ g \leqq f}} g = \inf_{\substack{h \in \mathscr{H}^u \\ h \geqq f}} h.$$

Dies motiviert folgende

5.1 Definition. *Für jede numerische Funktion $f: E \to \overline{\mathbf{R}}$ heiße*

(5.1) $$\int^* f \, d\mu := \inf\{\mu^*(h) : h \in \mathscr{H}^u, h \geqq f\}$$

das Oberintegral und

(5.2) $$\int_* f \, d\mu := \sup\{\mu_*(g) : g \in \mathscr{H}^o, g \leqq f\}$$

das Unterintegral von f bzgl. μ.

Ober- und Unterintegral sind somit Elemente von $\overline{\mathbf{R}}$. Wir zeigen nun, daß sie μ^* bzw. μ_* zu einem subadditiven bzw. superadditiven, positiv homogenen und isotonen Funktional auf die Menge aller numerischen Funktionen fortsetzen:

5.2 Satz. *Für numerische Funktionen f und g auf E gilt:*

(5.3) $\int^* f\,d\mu = \mu^*(f)$, *falls* $f \in \mathscr{H}^u$.

(5.4) $\int_* f\,d\mu = \mu_*(f)$, *falls* $f \in \mathscr{H}^o$.

(5.5) $\int^* f\,d\mu = \int_* f\,d\mu = \mu(f)$, *falls* $f \in \mathscr{C}(E)$.

(5.6) $\int^* f\,d\mu = -\int_*(-f)\,d\mu$.

(5.7) $\int_* f\,d\mu \leqq \int^* f\,d\mu$.

(5.8) $\int^* \alpha f\,d\mu = \alpha \int^* f\,d\mu,\ \int_* \alpha f\,d\mu = \alpha \int_* f\,d\mu$, *falls* $\alpha \geqq 0$ (*positive Homogenität*).

(5.9) $\int^* f\,d\mu \leqq \int^* g\,d\mu,\ \int_* f\,d\mu \leqq \int_* g\,d\mu$, *falls* $f \leqq g$ (*Isotonie*).

Sofern die auftretenden Summen definiert sind, gelten:

(5.10) $\int^*(f+g)\,d\mu \leqq \int^* f\,d\mu + \int^* g\,d\mu$ (*Subadditivität*),

(5.11) $\int_*(f+g)\,d\mu \geqq \int_* f\,d\mu + \int_* g\,d\mu$ (*Superadditivität*).

Beweise. (5.3) bis (5.5) sind evident.

Nach 4.2 (2) ergibt sich (5.6):

$$\begin{aligned}\int^* f\,d\mu &= \inf\{\mu^*(h) : h \in \mathscr{H}^u,\ h \geqq f\}\\ &= -\sup\{-\mu^*(h) : h \in \mathscr{H}^u,\ h \geqq f\}\\ &= -\sup\{\mu_*(-h) : -h \in \mathscr{H}^o,\ -h \leqq -f\}\\ &= -\sup\{\mu_*(g) : g \in \mathscr{H}^o,\ g \leqq -f\} = -\int_*(-f)\,d\mu.\end{aligned}$$

Die Behauptung (5.7) ist bewiesen, wenn für je zwei Funktionen $g \in \mathscr{H}^o$, $h \in \mathscr{H}^u$ mit $g \leqq h$

$$\mu_*(g) \leqq \mu^*(h)$$

gilt. Aus $h - g \in \mathscr{H}^u_+$ und 4.5 folgt:

$$0 = \mu^*(0) \leqq \mu^*(h-g) = \mu^*(h) + \mu^*(-g) = \mu^*(h) - \mu_*(g).$$

(5.8) und (5.9) folgen aus den entsprechenden Eigenschaften für μ_* und μ^* (vgl. Satz 4.5).

Zum Beweis von (5.10) seinen $f', g' \in \mathscr{H}^u$ mit $f \leqq f'$, $g \leqq g'$. Dann gelten $f' + g' \in \mathscr{H}^u$, $f + g \leqq f' + g'$ und somit

$$\int^* (f+g)\,d\mu \leqq \mu^*(f'+g') = \mu^*(f') + \mu^*(g'),$$

also

$$\int^* (f+g)\,d\mu \leqq \inf\{\mu^*(f') : f' \in \mathscr{H}^u, f' \geqq f\} \\ + \inf\{\mu^*(g') : g' \in \mathscr{H}^u, g' \geqq g\} = \int^* f\,d\mu + \int^* g\,d\mu.$$

Aus (5.6) und (5.10) folgt dann die Superadditivität (5.11) des Unterintegrals. □

5.3 Beispiel. Sei $a \in E$ und $f: E \to \bar{\mathbf{R}}$ eine numerische Funktion auf E. Dann ist nach (4.7) und der Bemerkung vor 5.1

$$\int^* f\,d\varepsilon_a = \inf\{\varepsilon_a^*(h) : h \in \mathscr{H}^u, h \geqq f\} \\ = \inf\{h(a) : h \in \mathscr{H}^u, h \geqq f\} = f(a).$$

Analog erhält man aus (4.8)

$$\int_* f\,d\varepsilon_a = f(a).$$

Ober- und Unterintegral stimmen also in diesem Beispiel überein. Es wird sich jedoch zeigen (vgl. 16.7 (2)), daß im allgemeinen diese beiden Fortsetzungen des Maßes verschieden und nicht endlich sind. Überdies erfüllen sie nicht unsere Forderung nach Additivität und Homogenität.

(5.6) zeigt nun, daß für jede numerische Funktion $f: E \to \bar{\mathbf{R}}$ folgende Eigenschaften gleichwertig sind:

$$\int^* (-f)\,d\mu = -\int^* f\,d\mu;$$
$$\int_* (-f)\,d\mu = -\int_* f\,d\mu;$$
$$\int_* f\,d\mu = \int^* f\,d\mu.$$

Für einen Vektorraum $\mathscr{V}$ reeller Funktionen auf E ist die Gültigkeit einer dieser Bedingungen für alle $f \in \mathscr{V}$ wegen (5.8), (5.10) und (5.11) notwendig und hinreichend für die Additivität oder Homogenität des Ober- oder Unterintegrals auf $\mathscr{V}$. Diese Forderung führt daher zu folgender Definition:

5.4 Definition. *Eine numerische Funktion $f: E \to \bar{\mathbf{R}}$ heiße (μ-)integrierbar, wenn ihr Ober- und Unterintegral übereinstimmen und endlich sind:*

$$-\infty < \int_* f\,d\mu = \int^* f\,d\mu < +\infty.$$

Man setzt dann

$$\text{(5.12)} \qquad \int f(x)\,\mu(dx) := \int f\,d\mu := \int^* f\,d\mu = \int_* f\,d\mu$$

und nennt $\int f\,d\mu$ *das* (μ-)*Integral von* f.

$\mathscr{L}^1(\mu)$ *sei die Menge aller reellen* μ*-integrierbaren Funktionen auf* E.

5.5 Satz. 1. *Jede stetige reelle Funktion auf E ist integrierbar; es gilt*

$$\int f\,d\mu = \mu(f).$$

Für Funktionen aus $\mathscr{H}^u \cup \mathscr{H}^o$ *stimmen Ober- und Unterintegral überein, und es gilt:*

2. $f \in \mathscr{H}^u$ *ist genau dann integrierbar, wenn* $\int^* f\,d\mu < \infty$ *ist.*
3. $f \in \mathscr{H}^o$ *ist genau dann integrierbar, wenn* $\int_* f\,d\mu > -\infty$ *ist.*

Beweis. (1) gilt wegen (5.5).

Sei $f \in \mathscr{H}^u$. Nach 3.9 ist f nach unten beschränkt, also gilt

$$\begin{aligned} -\infty < \int^* f\,d\mu &= \mu^*(f) = \sup\{\mu(h) : h \in \mathscr{C}(E), h \leqq f\} \\ = \sup\{\mu_*(h) : h \in \mathscr{C}(E), h \leqq f\} &\leqq \sup\{\mu_*(h) : h \in \mathscr{H}^o, h \leqq f\} \\ &= \int_* f\,d\mu \leqq \int^* f\,d\mu. \end{aligned}$$

Somit gilt

$$\int_* f\,d\mu = \int^* f\,d\mu \qquad \text{für } f \in \mathscr{H}^u.$$

(2) folgt hieraus unmittelbar. (3) folgt aus (2) und (5.6). □

5.6 Beispiele. (1) Sei $I \subset \mathbf{R}$ ein kompaktes Intervall und $a, b \in I$ mit $a \leqq b$. 4.6, Beispiel (1) und Satz 5.5 zeigen, daß die Indikatorfunktionen $1_{]a,b[}$ und $1_{[a,b]}$ λ_I-integrierbar sind und daß

$$\int 1_{]a,b[}\,d\lambda_I = \int 1_{[a,b]}\,d\lambda_I = b - a$$

gilt. Insbesondere ist $\int 1_{\{a\}}\,d\lambda_I = 0$. Überdies sind auch die Indikatorfunktionen der halboffenen Intervalle $]a,b]$ und $[a,b[$ λ_I-integrierbar; ihr λ_I-Integral ist ebenfalls $b - a$.

Bezeichnet nämlich J eines dieser Intervalle, so gilt

$$1_{]a,b[} \leqq 1_J \leqq 1_{[a,b]}$$

und somit

$$b-a=\int_* 1_{]a,b[}\,d\lambda_I \leqq \int_* 1_J\,d\lambda_I \leqq \int^* 1_J\,d\lambda_I \leqq \int^* 1_{[a,b]}\,d\lambda_I = b-a.$$

(2) Beispiel 5.3 zeigt, daß $f: E \to \bar{\mathbf{R}}$ *genau dann* ε_a*-integrierbar ist, wenn* $f(a) \in \mathbf{R}$ *ist. In diesem Fall gilt*

$$\int f\,d\varepsilon_a = f(a).$$

(3) Für $\mu_1, \mu_2 \in \mathscr{M}_+(E)$ und $f: E \to \bar{\mathbf{R}}$ gilt

$$\int^* f\,d(\mu_1+\mu_2) = \int^* f\,d\mu_1 + \int^* f\,d\mu_2. \tag{5.13}$$

f ist genau dann $(\mu_1+\mu_2)$-integrierbar, wenn f μ_1- und μ_2-integrierbar ist. (5.13) *geht dann in die Gleichheit der entsprechenden Integrale über.*

(5.13) ergibt sich aus (4.9) wegen

$$\begin{aligned}\int^* f\,d(\mu_1+\mu_2) &= \inf\{(\mu_1+\mu_2)^*(h): h \in \mathscr{H}^u,\ h \geqq f\}\\ &= \inf\{\mu_1^*(h)+\mu_2^*(h): h \in \mathscr{H}^u,\ h \geqq f\}\\ &= \inf\{\mu_1^*(h): h \in \mathscr{H}^u,\ h \geqq f\}\\ &\quad + \inf\{\mu_2^*(h): h \in \mathscr{H}^u,\ h \geqq f\}\\ &= \int^* f\,d\mu_1 + \int^* f\,d\mu_2.\end{aligned}$$

Das vorletzte Gleichheitszeichen folgt dabei aus der Bemerkung, daß die Menge $\{h \in \mathscr{H}^u : h \geqq f\}$ absteigend filtrierend ist.

Durch Übergang von f zu $-f$ erhält man die (5.13) entsprechende Gleichung für Unterintegrale. Daraus ergibt sich unter Benutzung von (5.7) der Rest der Behauptung.

Man ersieht aus (4.10) unmittelbar, daß für $\alpha \geqq 0$, $\mu \in \mathscr{M}_+(E)$ und jede numerische Funktion $f: E \to \bar{\mathbf{R}}$

$$\int^* f\,d(\alpha\mu) = \alpha \int^* f\,d\mu \tag{5.14}$$

gilt. Aus der entsprechenden Gleichung für die Unterintegrale folgt, daß für $\alpha \neq 0$ *f genau dann $(\alpha\mu)$-integrierbar ist, wenn f μ-integrierbar ist. In diesem Fall geht* (5.14) *in die Gleichheit der entsprechenden Integrale über.*

(4) Aus Beispiel (2), (5.13) und (5.14) ersieht man insbeson-

dere für ein diskretes Maß $\mu = \sum_{i=1}^{n} \alpha_i \varepsilon_{a_i}$ mit strikt positiven $\alpha_1, \ldots, \alpha_n$, daß eine numerische Funktion $f: E \to \bar{\mathbf{R}}$ genau dann μ-integrierbar ist, wenn $f(a_i)$ reell für alle $i = 1, \ldots, n$ ist. In diesem Fall gilt

$$(5.15) \qquad \int f\, d\left(\sum_{i=1}^{n} \alpha_i \varepsilon_{a_i}\right) = \sum_{i=1}^{n} \alpha_i f(a_i).$$

Dies zeigt, daß *auf einem diskreten, kompakten, metrischen Raum jede reelle Funktion in Bezug auf jedes Maß integrierbar ist.*

(5) Auf dem kompakten metrischen Raum E sei $\nu = g\mu$ ein Maß mit der *strikt positiven Dichte* $g \in \mathscr{C}_+(E)$ bezüglich $\mu \in \mathscr{M}_+(E)$. Dann gilt für jede numerische Funktion f auf E

$$(5.16) \qquad \int^* f\, d\nu = \int^* fg\, d\mu.$$

f ist genau dann ν-integrierbar, wenn fg μ-integrierbar ist. (5.16) *geht dann in die Gleichheit der entsprechenden Integrale über.**

Die Gültigkeit von (5.16) für Funktionen $f \in \mathscr{H}^u$ wurde in 4.6, Beispiel (4) bewiesen. Hieraus folgt (5.16), da gemäß 3.5 (5) für jedes $h \in \mathscr{H}^u$ mit $h \geqq f$ bzw. $h \geqq fg$ die Funktion hg bzw. $\frac{1}{g} h$ in $\mathscr{H}^u$ liegt und fg bzw. f majorisiert. Indem man in (5.16) f durch $-f$ ersetzt, folgt die analoge Gleichheit für die Unterintegrale und hieraus der Rest der Behauptung.

(6) Sei $\varphi: E \to F$ eine *Homöomorphie* des kompakten metrischen Raumes E auf einen zweiten F. Ist dann $\nu = \varphi(\mu)$ das Bild des Maßes μ auf E, so gilt für jede numerische Funktion f auf F

$$(5.17) \qquad \int^* f\, d\nu = \int^* f \circ \varphi\, d\mu.$$

f ist genau dann ν-integrierbar, wenn $f \circ \varphi$ μ-integrierbar ist. (5.17) *geht dann in die Gleichheit der entsprechenden Integrale über.*

* Auf den Fall einer beliebigen Dichte $g \in \mathscr{C}_+(E)$ gehen wir nicht ein.

Die Gültigkeit von (5.17) für Funktionen $f \in \mathscr{H}^u(F)$ wurde in 4.6, Beispiel (5) bewiesen. Hieraus folgt aber (5.17), da für jedes $h \in \mathscr{H}^u(F)$ bzw. $h \in \mathscr{H}^u(E)$ mit $h \geqq f$ bzw. $h \geqq f \circ \varphi$ die Funktion $h \circ \varphi$ in $\mathscr{H}^u(E)$ bzw. $h \circ \varphi^{-1}$ in $\mathscr{H}^u(F)$ liegt und $f \circ \varphi$ bzw. f majorisiert.

Daß bei der Fortsetzung des Maßes zu einem Integral die fundamentalen Eigenschaften *Additivität, Homogenität und Isotonie* erhalten bleiben, zeigt der folgende Satz.

5.7 Satz. *Die Menge $\mathscr{L}^1(\mu)$ der reellen μ-integrierbaren Funktionen ist ein Vektorraum, auf dem die Abbildung $f \mapsto \int f\,d\mu$ eine positive Linearform ist. Schärfer gilt:*

1. *Sind f und g numerische integrierbare Funktionen, deren Summe überall definiert ist, so ist $f+g$ integrierbar, und es gilt:*

$$\int (f+g)\,d\mu = \int f\,d\mu + \int g\,d\mu . \tag{5.18}$$

2. *Ist f eine numerische integrierbare Funktion und $\alpha \in \mathbf{R}$, so ist αf integrierbar mit*

$$\int \alpha f\,d\mu = \alpha \int f\,d\mu . \tag{5.19}$$

3. *Sind f, g numerische integrierbare Funktionen mit $f \leqq g$, so ist*

$$\int f\,d\mu \leqq \int g\,d\mu . \tag{5.20}$$

Beweis. 1. Wegen (5.11), (5.7) und (5.10) gilt:

$$\begin{aligned} -\infty < \int f\,d\mu + \int g\,d\mu &= \int_* f\,d\mu + \int_* g\,d\mu \\ \leqq \int_* (f+g)\,d\mu \leqq \int^* (f+g)\,d\mu &\leqq \int^* f\,d\mu + \int^* g\,d\mu \\ &= \int f\,d\mu + \int g\,d\mu < \infty . \end{aligned}$$

Aus der Gleichheit des ersten und letzten Gliedes der Ungleichungskette folgt, daß Ober- und Unterintegral von $f+g$ bezüglich μ übereinstimmen; aus der Reellwertigkeit der Glieder folgt daher die Integrierbarkeit von $f+g$ bezüglich μ.

2. Für $\alpha \in \mathbf{R}_+$ gilt nach (5.8) und (5.7)

$$-\infty < \alpha \int f\,d\mu = \alpha \int_* f\,d\mu = \int_* \alpha f\,d\mu \leqq \int^* \alpha f\,d\mu$$
$$= \alpha \int^* f\,d\mu = \alpha \int f\,d\mu < \infty.$$

Ferner gilt

$$-\infty < -\int f\,d\mu = -\int^* f\,d\mu = \int_* (-f)\,d\mu \leqq \int^* (-f)\,d\mu$$
$$= -\int_* f\,d\mu = -\int f\,d\mu < \infty.$$

Daraus folgt die Behauptung für beliebiges $\alpha \in \mathbf{R}$.

3. folgt sofort aus der Isotonie (5.9) des Oberintegrals. □

Die Prüfung der Frage, ob eine numerische Funktion integrierbar ist, wird häufig erleichtert durch folgendes *Integrabilitätskriterium:*

5.8 Satz. *Für jede numerische Funktion $f: E \to \overline{\mathbf{R}}$ sind die folgenden Aussagen gleichwertig:*

1. *f ist integrierbar.*
2. *Zu jedem $\varepsilon > 0$ existieren (integrierbare) Funktionen $g \in \mathscr{H}^o$ und $h \in \mathscr{H}^u$ mit $g \leqq f \leqq h$ und*

(5.21) $$\int^* (h-g)\,d\mu < \varepsilon.^*$$

3. *Zu jedem $\varepsilon > 0$ existieren integrierbare Funktionen g und h mit $g \leqq f \leqq h$ und*

(5.22) $$\int h\,d\mu - \int g\,d\mu < \varepsilon.$$

Beweis. (1) ⇒ (2): Nach Definition der Integrierbarkeit existieren Funktionen $g \in \mathscr{H}^o$ und $h \in \mathscr{H}^u$ mit $g \leqq f \leqq h$ und

$$\int^* h\,d\mu - \int f\,d\mu < \frac{\varepsilon}{2} \qquad \text{sowie} \qquad \int f\,d\mu - \int_* g\,d\mu < \frac{\varepsilon}{2}.$$

Nach Satz 5.5 sind g und h sogar integrierbar. Da dann auch $h-g$ integrierbar ist, folgt

$$\int^* (h-g)\,d\mu = \int (h-g)\,d\mu = \int h\,d\mu - \int g\,d\mu < \varepsilon.$$

* Der Beweis wird zeigen, daß für Funktionen $g \in \mathscr{H}^o$ und $h \in \mathscr{H}^u$ mit $g \leqq f \leqq h$ aus (5.21) bereits deren Integrierbarkeit folgt.

(2) $\Rightarrow$ (3): Sind $g \in \mathscr{H}^o$ und $h \in \mathscr{H}^u$ Funktionen mit den Eigenschaften $g \leqq f \leqq h$ und (5.21), so sind g und h integrierbar, also ist (5.22) erfüllt. In der Tat: Wegen der Additivität des Oberintegrals auf $\mathscr{H}^u$ gilt

$$\int^* (h-g)\,d\mu = \int^* h\,d\mu + \int^* (-g)\,d\mu = \int^* h\,d\mu - \int_* g\,d\mu .$$

Aus (5.21) folgt daher die Endlichkeit von $\int^* h\,d\mu$ und $\int_* g\,d\mu$, also nach 5.5 die Integrierbarkeit von g und h.

(3) $\Rightarrow$ (1): Wegen der Isotonie von Ober- und Unterintegral gilt

$$-\infty < \int g\,d\mu \leqq \int_* f\,d\mu \leqq \int^* f\,d\mu \leqq \int h\,d\mu < +\infty .$$

Aus (5.22) folgt daher $\int^* f\,d\mu - \int_* f\,d\mu < \varepsilon$ für jedes $\varepsilon > 0$ und damit die Integrierbarkeit von f. □

5.9 Beispiel. *Jede auf einem kompakten Intervall* $[a, b] \subset \mathbf{R}$ *monotone reelle Funktion* f *ist* $\lambda_{[a,b]}$*-integrierbar.*

Da mit f auch $-f$ integrierbar ist, genügt es, eine isotone Funktion $f: [a, b] \to \mathbf{R}$ zu behandeln. Zu $\varepsilon > 0$ wähle man eine Unterteilung $a = x_0 < \ldots < x_n = b$ von $I = [a, b]$ durch endlich viele Zwischenpunkte derart, daß $x_i - x_{i-1} < \varepsilon$ für $i = 1, \ldots, n$ ist. Nach 5.6, Beispiel (1) und Satz 5.7 sind

$$g := \sum_{i=1}^{n} f(x_{i-1})\, 1_{]x_{i-1},\, x_i[} + \sum_{i=0}^{n} f(x_i)\, 1_{\{x_i\}}$$

und

$$h := \sum_{i=1}^{n} f(x_i)\, 1_{]x_{i-1},\, x_i[} + \sum_{i=0}^{n} f(x_i)\, 1_{\{x_i\}}$$

λ_I-integrierbare Funktionen. Für diese gilt offenbar $g \leqq f \leqq h$ sowie

$$\int g\,d\lambda_I = \sum_{i=1}^{n} f(x_{i-1})(x_i - x_{i-1})$$

und

$$\int h\,d\lambda_I = \sum_{i=1}^{n} f(x_i)(x_i - x_{i-1}) .$$

Hieraus folgt

$$\int h\,d\lambda_I - \int g\,d\lambda_I = \sum_{i=1}^{n} [f(x_i) - f(x_{i-1})]\,(x_i - x_{i-1})$$

$$\leqq \varepsilon \sum_{i=1}^{n} [f(x_i) - f(x_{i-1})] = \varepsilon\big(f(b) - f(a)\big).$$

Nach dem Integrabilitätskriterium 5.8 ist somit f integrierbar.

Nützlich ist noch folgende Konsequenz des Kriteriums 5.8:

5.10 Korollar. *Eine numerische Funktion $f: E \to \overline{\mathbf{R}}$ ist genau dann integrierbar, wenn zu jedem $\varepsilon > 0$ eine Funktion $u \in \mathscr{C}(E)$ existiert mit*

$$\int^* |f - u|\,d\mu < \varepsilon. \tag{5.23}$$

Beweis. Sei f integrierbar. Dann existieren zu $\varepsilon > 0$ integrierbare Funktionen $g \in \mathscr{H}^o$ und $h \in \mathscr{H}^u$ mit

$$g \leqq f \leqq h \quad \text{und} \quad \int^* (h - g)\,d\mu < \frac{\varepsilon}{2}.$$

Nach der Definition von $\int^* h\,d\mu$ existiert ein $u \in \mathscr{C}(E)$ mit $u \leqq h$ und

$$\int^* h\,d\mu - \int u\,d\mu < \frac{\varepsilon}{2};$$

wegen 4.5 und (5.3) ist dabei

$$\int^* h\,d\mu - \int u\,d\mu = \int^* (h - u)\,d\mu.$$

Dann aber leistet u das Verlangte: Definieren wir nämlich $q: E \to \overline{\mathbf{R}}$ durch

$$q(x) := \begin{cases} h(x) - f(x), & \text{falls } f(x) < +\infty \\ 0, & \text{falls } f(x) = +\infty \end{cases},$$

so gilt $0 \leqq q \leqq h - g$ und somit

$$\int^* q\,d\mu \leqq \int^* (h - g)\,d\mu < \frac{\varepsilon}{2}.$$

Wegen

$$|f - u| \leqq q + (h - u)$$

folgt hieraus $\int^* |f - u|\,d\mu \leqq \int^* q\,d\mu + \int^* (h - u)\,d\mu < \varepsilon$.

Gibt es umgekehrt zu jedem $\varepsilon > 0$ eine Funktion $u \in \mathscr{C}(E)$ mit

$$\int^* |f - u| \, d\mu < \varepsilon,$$

so existiert nach Definition des Oberintegrals ein $h_0 \in \mathscr{H}^u$ mit

$$|f - u| \leqq h_0 \quad \text{und} \quad \int^* h_0 \, d\mu < \varepsilon.$$

Dann aber liegt die Funktion $g := -h_0 + u$ in $\mathscr{H}^o$ und die Funktion $h := h_0 + u$ in $\mathscr{H}^u$. Es gilt $g \leqq f \leqq h$ und

$$\int^* (h - g) \, d\mu = 2 \int^* h_0 \, d\mu < 2\varepsilon.$$

Aus Satz 5.8 folgt die Umkehrung der bewiesenen Aussage. □

5.11 Bemerkung. Eine Folge $(f_n)_{n \in \mathbf{N}}$ reeller Funktionen auf E heißt *im* (μ-) *Mittel konvergent* gegen eine numerische Funktion f auf E, wenn

(5.24) $$\lim_{n \to \infty} \int^* |f_n - f| \, d\mu = 0.$$

Somit besagt 5.10: *Eine Funktion* $f: E \to \overline{\mathbf{R}}$ *ist genau dann integrierbar, wenn eine Folge* $(u_n)_{n \in \mathbf{N}}$ *in* $\mathscr{C}(E)$ *existiert, welche im Mittel gegen* f *konvergiert.*

Hier liegt eine formale Analogie zur Kennzeichnung des Abschlusses einer Teilmenge eines metrischen Raumes vor. Bezüglich der Konvergenz im Mittel kann $\mathscr{L}^1(E)$ als „Abschluß" von $\mathscr{C}(E)$ im Raum aller reellen Funktionen auf E interpretiert werden. Auf eine mögliche Präzisierung dieser Interpretation, indem man $(f, g) \mapsto \int^* |f - g| \, d\mu$ als verallgemeinerte Metrik (sog. Quasi-Metrik) interpretiert, soll hier nicht weiter eingegangen werden.

Nun ergeben sich mühelos einige weitere wichtige Eigenschaften integrierbarer Funktionen.

5.12 Satz. *Supremum und Infimum je endlich vieler integrierbarer Funktionen sind integrierbar.*

Beweis. Es genügt zu zeigen, daß $\sup(f, g)$ für integrierbare Funktionen f und g integrierbar ist. Dann ist nämlich auch $\inf(f, g) = -\sup(-f, -g)$ nach 5.7 integrierbar, und die allgemeine Behauptung folgt mittels vollständiger Induktion.

Für je vier reelle Zahlen $\alpha, \alpha', \beta, \beta'$ gilt

(5.25) $|\max(\alpha, \alpha') - \max(\beta, \beta')| \leqq |\alpha - \beta| + |\alpha' - \beta'|.$

Dies ergibt sich wie folgt: Es ist

$$\begin{aligned} \max(\alpha, \alpha') &= \max(\beta + \alpha - \beta, \beta' + \alpha' - \beta') \\ &\leqq \max(\beta, \beta') + \max(\alpha - \beta, \alpha' - \beta') \\ &\leqq \max(\beta, \beta') + |\alpha - \beta| + |\alpha' - \beta'| \end{aligned}$$

und somit

$$\max(\alpha, \alpha') - \max(\beta, \beta') \leqq |\alpha - \beta| + |\alpha' - \beta'|.$$

Um (5.25) zu erhalten, hat man nur noch α mit β und α' mit β' zu vertauschen. Da (5.25) sogar für $\alpha, \alpha' \in \overline{\mathbf{R}}$ und $\beta, \beta' \in \mathbf{R}$ gilt, haben wir

$$|\sup(f, g) - \sup(u, v)| \leqq |f - u| + |g - v|$$

für je zwei numerische Funktionen f, g und je zwei reelle Funktionen u, v auf E. Hiermit folgt die Integrierbarkeit von $\sup(f, g)$ aus 5.10, da mit $u, v \in \mathscr{C}(E)$ auch $\sup(u, v)$ in $\mathscr{C}(E)$ liegt. □

5.13 Korollar. *Für jede numerische integrierbare Funktion* $f: E \to \overline{\mathbf{R}}$ *ist auch* $|f|$ *integrierbar, es gilt*

(5.26) $$|\int f \, d\mu| \leqq \int |f| \, d\mu.$$

Beweis. Nach 5.12 ist $|f| = \sup(f, -f)$ integrierbar. Aus $\pm f \leqq |f|$ und der Isotonie (5.20) des Integrals folgt der Rest der Behauptung. □

Schließlich ergibt sich ein weiteres nützliches Integrabilitätskriterium. Zu seiner Formulierung setzen wir von nun an für Funktionen $f: E \to \overline{\mathbf{R}}$, welche auf einer beliebigen Menge E definiert sind:

(5.27) $$f^+ := \sup(f, 0)$$

(5.28) $$f^- := (-f)^+ = -\inf(f, 0).$$

f^+ bzw. f^- heißt der *Positiv*- bzw. *Negativteil* von f. Stets gilt

(5.29) $$f = f^+ - f^- \quad \text{und} \quad |f| = f^+ + f^-.$$

5.14 Satz. *Eine Funktion $f: E \to \bar{\mathbb{R}}$ ist genau dann integrierbar, wenn f^+ und f^- integrierbar sind. Es gilt dann*

$$\int f\,d\mu = \int f^+\,d\mu - \int f^-\,d\mu. \tag{5.30}$$

Beweis. Wegen 5.12 sind mit f auch f^+ und f^- integrierbar. Aus $f = f^+ - f^-$ folgt (5.30). Wegen (5.29) impliziert umgekehrt die Integrierbarkeit von f^+ und f^- die von f. □

In § 16 wird geklärt werden, warum aus der Integrierbarkeit von $|f|$ nicht generell die von f folgt.

Daß das *Produkt* integrierbarer Funktionen im allgemeinen nicht integrierbar ist, wird 7.3, Beispiel (2) zeigen. Jedoch gilt wenigstens

5.15 Satz. *Das Produkt zweier integrierbarer Funktionen, von denen wenigstens eine beschränkt ist, ist integrierbar.*

Beweis. f und g seien integrierbar, g sei beschränkt. Dann gibt es eine reelle Zahl $\alpha > 0$, so daß $|g(x)| \leqq \alpha$ für alle $x \in E$ gilt. Nach 5.10 existiert zu $\varepsilon > 0$ ein $u \in \mathscr{C}(E)$ mit

$$\int^* |f-u|\,d\mu < \frac{\varepsilon}{2\alpha}.$$

Bezeichnet $\beta > 0$ eine Schranke des Absolutbetrages von u, so existiert abermals nach 5.10 ein $v \in \mathscr{C}(E)$ mit

$$\int^* |g-v|\,d\mu < \frac{\varepsilon}{2\beta}.$$

Nun ist aber

$$|fg-uv| = |(f-u)g + u(g-v)| \leqq \alpha|f-u| + \beta|g-v|,$$

also folgt $\int^* |fg-uv|\,d\mu < \varepsilon$. Wegen $uv \in \mathscr{C}(E)$ ist somit fg integrierbar. □

§ 6 Riemann-Integrierbarkeit und Riemannsches Integral*

Das in 5.8 gewonnene Integrabilitätskriterium kennzeichnet die μ-Integrierbarkeit einer numerischen Funktion f auf E

* Dieser Paragraph hat ergänzenden Charakter und kann daher bei der ersten Lektüre des Buches übergangen werden.

durch die Existenz von Majoranten $h \in \mathscr{H}^u$ und Minoranten $g \in \mathscr{H}^o$, deren Differenz ein vorgegeben kleines Oberintegral besitzt. Die fundamentale Rolle der stetigen reellen Funktionen für die Definition des Integrals könnte die Vermutung auslösen, daß für beschränktes f die Funktionen g und h in 5.8 sogar stets in $\mathscr{C}(E)$ gewählt werden können. Es soll nun u.a. gezeigt werden, daß diese Vermutung falsch ist.

Wir widerlegen sie für den Fall, daß E ein nicht-ausgeartetes kompaktes Intervall $I=[a,b]$ der Zahlengeraden und μ das Lebesguesche Maß λ_I ist. Sei hierzu f eine *beschränkte* reelle Funktion auf I. Zu jeder Unterteilung $U=\{x_0,\dots,x_n\}$ von I durch endlich viele Zwischenpunkte $a=x_0<\dots<x_n=b$ gehören die *Obersumme* von f

$$\overline{S}_U(f) := \sum_{k=1}^{n} M_k(x_k - x_{k-1}) \tag{6.1}$$

und die *Untersumme* von f

$$\underline{S}_U(f) := \sum_{k=1}^{n} m_k(x_k - x_{k-1}), \tag{6.2}$$

wenn dabei

$$M_k := \sup f([x_{k-1}, x_k]) \quad \text{und} \quad m_k := \inf f([x_{k-1}, x_k]) \tag{6.3}$$

gesetzt wird ($k=1,\dots,n$). Es gilt offenbar

$$\underline{S}_U(f) \leqq \overline{S}_U(f) \tag{6.4}$$

und

$$\underline{S}_U(f) = -\overline{S}_U(-f). \tag{6.5}$$

Mit diesen Bezeichnungen behaupten wir:

6.1 Satz. *Sei $I=[a,b]$ ein nicht-ausgeartetes kompaktes Intervall der Zahlengeraden und sei f eine reelle Funktion auf I. Dann sind folgende Aussagen gleichwertig:*

1. *Zu jedem $\varepsilon>0$ existieren Funktionen $g, h \in \mathscr{C}(I)$ mit $g \leqq f \leqq h$ und $\int (h-g)\,d\lambda_I < \varepsilon$.*
2. *Die Funktion f ist beschränkt, und zu jedem $\varepsilon>0$ existiert*

eine Unterteilung U von I mit

$$\bar{S}_U(f) - \underline{S}_U(f) < \varepsilon.$$

Beweis. Die Bedingung (1) sei erfüllt. Dann sind wegen der Kompaktheit von I die Funktionen g und h und somit auch f beschränkt. g und h sind auf I gleichmäßig stetig. Folglich existiert zu $\varepsilon > 0$ eine Unterteilung $U = \{x_0, \ldots, x_n\}$ von I derart, daß g und h auf jedem der Teilintervalle $[x_{k-1}, x_k]$ um höchstens ε schwanken, d.h. daß für beliebige x', $x'' \in [x_{k-1}, x_k]$

$$|g(x') - g(x'')| \leqq \varepsilon \quad \text{und} \quad |h(x') - h(x'')| \leqq \varepsilon$$

gilt ($k = 1, \ldots, n$). Für die gemäß (6.3) zu f und U gehörigen Zahlen M_k, m_k gilt wegen $g \leqq f \leqq h$

$$\inf g([x_{k-1}, x_k]) \leqq m_k \leqq M_k \leqq \sup h([x_{k-1}, x_k]).$$

Die betreffenden Suprema und Infima werden auf $[x_{k-1}, x_k]$ als Werte angenommen: Es gibt also Punkte $\xi_k, \eta_k \in [x_{k-1}, x_k]$ mit

$$g(\xi_k) \leqq m_k \leqq M_k \leqq h(\eta_k) \qquad (k = 1, \ldots, n).$$

Somit ergibt sich

$$\bar{S}_U(f) - \underline{S}_U(f) \leqq \sum_{k=1}^{n} \big(h(\eta_k) - g(\xi_k)\big)(x_k - x_{k-1}).$$

Die rechte Seite kann weiter nach oben abgeschätzt werden. Da g und h auf $[x_{k-1}, x_k]$ nur um höchstens ε schwanken, ergibt sich nämlich

$$\begin{aligned} \Big|h(\eta_k)(x_k - x_{k-1}) - \int_{x_{k-1}}^{x_k} h(x)\,dx\Big| &= \Big|\int_{x_{k-1}}^{x_k} \big(h(\eta_k) - h(x)\big)\,dx\Big| \\ &\leqq \int_{x_{k-1}}^{x_k} |h(\eta_k) - h(x)|\,dx \leqq \varepsilon(x_k - x_{k-1}) \end{aligned}$$

und die analoge Ungleichung

$$\Big|g(\xi_k)(x_k - x_{k-1}) - \int_{x_{k-1}}^{x_k} g(x)\,dx\Big| \leqq \varepsilon(x_k - x_{k-1})$$

für $k = 1, \ldots, n$. Die angekündigte Abschätzung lautet daher wie folgt:

$$\bar{S}_U(f) - \underline{S}_U(f) \leqq \sum_{k=1}^{n} \Big[\int_{x_{k-1}}^{x_k} \big(h(x) - g(x)\big)dx + 2\varepsilon(x_k - x_{k-1})\Big]$$

$$= \int (h-g)\,d\lambda_I + 2\varepsilon(b-a).$$

Hieraus folgt (2), da nach Voraussetzung $\int (h-g)\,d\lambda_I < \varepsilon$ ist.

Sei nun umgekehrt eine beschränkte Funktion f auf I gegeben. Dann genügt es zu zeigen, daß zu jeder Unterteilung U von I und zu $\varepsilon > 0$ ein $h \in \mathscr{C}(I)$ existiert mit $f \leqq h$ und

$$\int h\,d\lambda_I - \bar{S}_U(f) < \varepsilon.$$

In der Tat: Für $-f$ statt f folgt dann die Existenz eines $\tilde{h} \in \mathscr{C}(I)$ mit $-f \leqq \tilde{h}$ und

$$\int \tilde{h}\,d\lambda_I - \bar{S}_U(-f) < \varepsilon.$$

Wegen (6.5) heißt dies, daß $g := -\tilde{h}$ eine Funktion aus $\mathscr{C}(I)$ ist mit $g \leqq f$ und

$$\underline{S}_U(f) - \int g\,d\lambda_I < \varepsilon.$$

Aus beiden Ungleichungen folgt

$$\int (h-g)\,d\lambda_I < \bar{S}_U(f) - \underline{S}_U(f) + 2\varepsilon.$$

Somit folgt (1) aus (2).

Die Existenz der gesuchten Funktion h zu f liefert folgende (geometrisch einfach zu interpretierende) Konstruktion: Seien $U = \{x_0, \ldots, x_n\}$ und $\delta > 0$ beliebig gegeben. Man wähle Punkte $x'_1, \ldots, x'_{n-1}$ und $x''_1, \ldots, x''_{n-1}$ in I mit

$$a = x_0 < x'_1 < x_1 < x''_1 < \ldots < x'_{n-1} < x_{n-1} < x''_{n-1} < x_n = b$$

und $x''_k - x'_k \leqq \delta\,(k = 1, \ldots, n-1)$. Auf jedem der n Intervalle $[x_0, x'_1[,]x''_1, x'_2[, \ldots,]x''_{n-1}, x_n]$ sei h konstant gleich den zu U und f gemäß (6.3) gebildeten Zahlen $M_1, \ldots, M_n$. Auf $[x'_k, x''_k]$ $(k = 1, \ldots, n-1)$ sei h wie folgt definiert: im Falle $M_k \leqq M_{k+1}$ durch

$$h(x) := \begin{cases} M_k + \dfrac{x - x'_k}{x_k - x'_k}(M_{k+1} - M_k), & x \in [x'_k, x_k] \\ M_{k+1}, & x \in [x_k, x''_k] \end{cases},$$

im Falle $M_k > M_{k+1}$ durch

$$h(x) := \begin{cases} M_k, x \in [x_k', x_k] \\ M_{k+1} + \dfrac{x_k'' - x}{x_k'' - x_k}(M_k - M_{k+1}), x \in [x_k, x_k''] . \end{cases}$$

Dann ist offenbar $h \in \mathscr{C}(I)$ und $h \geqq f$. Ferner ergibt sich durch eine einfache Zwischenrechnung

$$\begin{aligned} \int h \, d\lambda_I - \bar{S}_U(f) = & \sum_{k=1}^{n-1} \Big[\int_{x_k'}^{x_k} h(x)dx - M_k(x_k - x_k')\Big] \\ & + \sum_{k=1}^{n-1} \Big[\int_{x_k}^{x_k''} h(x)dx - M_{k+1}(x_k'' - x_k)\Big]. \end{aligned}$$

Im Fall $M_k \leqq M_{k+1}$ ist der k-te Summand der zweiten Summe Null und der k-te Summand der ersten Summe gleich

$$\frac{1}{2}(x_k - x_k')(M_{k+1} - M_k) \leqq \delta \|f\|,$$

wenn dabei

$$\|f\| := \sup \{|f(x)| : x \in I\}$$

ist. Im Fall $M_k > M_{k+1}$ ist der k-te Summand der ersten Summe Null und der der zweiten Summe gleich

$$\frac{1}{2}(x_k'' - x_k)(M_k - M_{k+1}) \leqq \delta \|f\|.$$

Somit ergibt sich

$$\int h \, d\lambda_I - \bar{S}_U(f) \leqq (n-1)\delta \|f\| < \varepsilon$$

bei hinreichend kleiner Wahl von δ. □

Die einleitend formulierte Vermutung wird nun mit Hilfe von 6.1 durch das folgende Gegenbeispiel widerlegt.

6.2 Beispiel. Sei $I = [a, b]$ ein kompaktes Intervall in $\mathbf{R}$ mit $a < b$ und $f = 1_D$ die Indikatorfunktion der Menge $D := \mathbf{Q} \cap [a, b]$;* f heißt die *Dirichletsche Sprungfunktion* auf I. Da D in I dicht liegt, gilt

$$\bar{S}_U(f) = 1 \quad \text{und} \quad \underline{S}_U(f) = 0$$

* $\mathbf{Q}$ bezeichne die Menge der rationalen Zahlen.

für alle Unterteilungen U von $[a, b]$. Die äquivalenten Bedingungen von 6.1 sind somit nicht erfüllt. Wohl aber ist f λ_I-integrierbar. Dies lehrt das Integrabilitätskriterium 5.8: D ist abzählbar unendlich; also existiert eine Bijektion $d: \mathbf{N} \to D$. Nach Wahl von $\varepsilon > 0$ lege man um jeden Punkt $d(n)$ ein in I offenes Intervall D_n der Länge $\leqq \varepsilon\, 2^{-n}$. Dann ist $V := \bigcup_{n=1}^{\infty} D_n$ in I offen, also $1_V \in \mathscr{H}^u(I)$ nach 3.2. Nach Satz 3.7 ist $\sum_{n=1}^{\infty} 1_{D_n} = \sup_{n\in\mathbf{N}} \sum_{k=1}^{n} 1_{D_k} \in \mathscr{H}^u_+$ und

$$0 \leqq f \leqq 1_V = \inf\Big(1, \sum_{n=1}^{\infty} 1_{D_n}\Big).$$

Daher gilt vermöge 4.4 und 5.6, Beispiel (1)

$$\int^* 1_V \, d\lambda_I \leqq \int^* \sum_{n=1}^{\infty} 1_{D_n} \, d\lambda_I = \sup_{n\in\mathbf{N}} \sum_{k=1}^{n} \int^* 1_{D_k} \, d\lambda_I \leqq \sum_{n=1}^{\infty} \frac{\varepsilon}{2^n} = \varepsilon.$$

Also leisten $g = 0$ und $h = 1_V$ das in 5.8 Verlangte. Insbesondere ergibt sich: $\int f \, d\lambda_I = 0$.

Bezeichnet wieder f eine beliebige beschränkte, reelle Funktion auf einem nicht ausgearteten kompakten Intervall $I \subset \mathbf{R}$, so gilt für je zwei Unterteilungen U_1 und U_2 von I

$$\underline{S}_{U_1}(f) \leqq \overline{S}_{U_2}(f). \tag{6.6}$$

Man hat dabei nur zu einer verfeinerten Unterteilung U überzugehen, welche sowohl die Unterteilungspunkte von U_1 als auch die von U_2 enthält. Für diese gilt $\underline{S}_U(f) \leqq \overline{S}_U(f)$ nach (6.4). Hieraus folgt (6.6), da offenbar die Summen $\overline{S}_U(f)$ und $\underline{S}_U(f)$ bei Weglassen von Zerlegungspunkten in einer Unterteilung U nicht abnehmen bzw. nicht zunehmen, also außerdem

$$\underline{S}_{U_1}(f) \leqq \underline{S}_U(f) \leqq \overline{S}_U(f) \leqq \overline{S}_{U_2}(f) \tag{6.7}$$

gilt. Aus (6.6) folgt sodann

$$\underline{R}(f) \leqq \overline{R}(f) \tag{6.8}$$

für die beiden Zahlen

(6.9) $$\bar{R}(f) := \inf_{U \in \mathfrak{U}} \bar{S}_U(f) \quad \text{und} \quad \underline{R}(f) := \sup_{U \in \mathfrak{U}} \underline{S}_U(f),$$

wenn hierbei $\mathfrak{U}$ die Menge aller Unterteilungen von I bezeichnet. Man nennt $\bar{R}(f)$ bzw. $\underline{R}(f)$ das *obere* bzw. *untere Riemann-Integral* von f (über I). Gilt in (6.8) das Gleichheitszeichen, so heißt f über I *Riemann-integrierbar* und $R(f) := \bar{R}(f) = \underline{R}(f)$ das *Riemann-Integral* von f (über I).

Notwendig und hinreichend für die Riemann-Integrierbarkeit einer beschränkten Funktion $f: I \to \mathbf{R}$ ist also – wegen des Verhaltens (6.7) von Ober- und Untersummen beim Verfeinern von Unterteilungen – gerade die Bedingung (2) aus 6.1. Die äquivalente Aussage (1) *kennzeichnet* also die Riemann-integrierbaren Funktionen auf I. Die Bedingung (2) ist dabei geometrisch einfach interpretierbar. Sie bedeutet, daß der Graph von f durch endlich viele achsenparallele Rechtecke so überdeckt werden kann, daß deren Gesamtfläche beliebig klein ist.

Aus 6.1 erhalten wir daher jetzt

6.3 Korollar 1. *Jede auf $I = [a, b]$ (mit $a < b$) Riemann-integrierbare Funktion f ist auch λ_I-integrierbar, es gilt*

(6.10) $$R(f) = \int f \, d\lambda_I .$$

Die Menge $\mathscr{R}(I)$ der Riemann-integrierbaren Funktionen auf I ist ein echter linearer Unterraum von $\mathscr{L}^1(\lambda_I)$.

Beweis. Die erste Behauptung folgt aus 6.1 und 5.8. Zum Beweis von (6.10) betrachte man für eine beliebige Unterteilung $U = \{x_0, \ldots, x_n\}$ von I die Funktionen

$$T := \sum_{k=1}^{n} M_k 1_{[x_{k-1}, x_k[} + M_n 1_{\{b\}}$$

und

$$t := \sum_{k=1}^{n} m_k 1_{[x_{k-1}, x_k[} + m_n 1_{\{b\}} .$$

Diese Funktionen sind nach den bisherigen Rechenregeln (5.6, Beispiel (1) und 5.7) λ_I-integrierbar; es gilt

$$\int T \, d\lambda_I = \bar{S}_U(f), \qquad \int t \, d\lambda_I = \underline{S}_U(f).$$

Ferner ist $t \leqq f \leqq T$ und daher

$$\underline{S}_U(f) \leqq \int f d\lambda_I \leqq \bar{S}_U(f).$$

Definitionsgemäß gilt aber auch

$$\underline{S}_U(f) \leqq R(f) \leqq \bar{S}_U(f).$$

Wegen der Kennzeichnung Riemann-integrierbarer Funktionen durch die Bedingungen von 6.1 folgt $R(f) = \int f d\lambda_I$. Aus 6.1 (1) folgt in einfacher Weise, daß $\mathscr{R}(I)$ ein linearer Unterraum von $\mathscr{L}^1(\lambda_I)$ ist. Wegen 6.2 gilt $\mathscr{R}(I) \neq \mathscr{L}^1(\mu)$. □

6.4 Korollar 2. *Jede stetige Funktion $f \in \mathscr{C}(I)$ ist Riemann-integrierbar, es gilt*

$$R(f) = \int_a^b f(x)\,dx. \tag{6.11}$$

Beweis. Die erste Behauptung folgt aus Bedingung (1) von Satz 6.1. (6.11) folgt dann aus (6.10). □

Wir erwähnen noch, daß man die Riemann-Integrierbarkeit einer beschränkten Funktion $f: Q \to \mathbf{R}$ auf einem kompakten Quader $Q \subset \mathbf{R}^p$ mittels der Bedingung (1) aus 6.1 auch für Dimensionen $p > 1$ definieren kann. Die sinngemäß zu modifizierende Bedingung (1) kann sogar zur Einführung der Riemann-Integrierbarkeit bezüglich eines beliebigen positiven Radon-Maßes μ auf einem kompakten metrischen Raum benutzt werden.

Der anschließende Paragraph wird erkennen lassen, daß der in den vorausgehenden Abschnitten entwickelte Integralbegriff wesentlich bequemere Eigenschaften als der des Riemann-Integrals besitzt (vgl. 7.8, Bemerkung (1)). Wir gehen daher auf das Riemann-Integral nicht mehr weiter ein.

§ 7 Konvergenzsätze

In Satz 4.4 haben wir ein Beispiel dafür kennengelernt, daß die Integration mit einer Limesbildung verträglich ist. Die Konvergenzsätze geben allgemein Aufschluß darüber, wann Limes und Integralzeichen vertauscht werden dürfen.

E sei wieder ein kompakter metrischer Raum und $\mu \in \mathscr{M}_+(E)$ ein Maß auf E.

Zunächst ergibt sich der auf *Beppo Levi* zurückgehende

7.1 Satz (von der monotonen Konvergenz). *Sei* $(f_n)_{n \in \mathbf{N}}$ *eine isotone Folge numerischer Funktionen auf* E, *so daß für ein* (*und damit für schließlich alle*) $k \in \mathbf{N}$

$$(7.1) \qquad -\infty < \int^* f_k \, d\mu$$

gilt. Dann ist*

$$(7.2) \qquad \int^* \sup_{n \in \mathbf{N}} f_n \, d\mu = \sup_{n \in \mathbf{N}} \int^* f_n \, d\mu .$$

Beweis. Für alle $n \in \mathbf{N}$ ist $f_n \leqq \sup_{k \in \mathbf{N}} f_k$ und somit

$$\sup_{n \in \mathbf{N}} \int^* f_n \, d\mu \leqq \int^* \sup_{k \in \mathbf{N}} f_k \, d\mu .$$

Zu zeigen ist also noch

$$\int^* \sup_{n \in \mathbf{N}} f_n \, d\mu \leqq \sup_{n \in \mathbf{N}} \int^* f_n \, d\mu .$$

Dies ist trivial, wenn $\sup \int^* f_n \, d\mu = +\infty$. Anderenfalls ist $\int^* f_n \, d\mu < +\infty$ für alle $n \in \mathbf{N}$ und somit o. B. d. A. $|\int^* f_n \, d\mu| < +\infty$ für alle $n \in \mathbf{N}$.

Wir zeigen: Zu jedem $\varepsilon > 0$ existiert eine isotone Folge (g_n) in $\mathscr{H}^u$, so daß für alle $n \in \mathbf{N}$.

$$f_n \leqq g_n \quad \text{und} \quad \int^* g_n \, d\mu \leqq \int^* f_n \, d\mu + \varepsilon$$

ist. Nach 4.4 gilt dann:

$$\int^* \sup_{n \in \mathbf{N}} f_n \, d\mu \leqq \int^* \sup_{n \in \mathbf{N}} g_n \, d\mu = \sup_{n \in \mathbf{N}} \int^* g_n \, d\mu \leqq \sup_{n \in \mathbf{N}} \int^* f_n \, d\mu + \varepsilon ,$$

was zu beweisen ist.

Zu $\varepsilon > 0$ bleibt somit die Folge (g_n) zu konstruieren: Zu $n \in \mathbf{N}$ existiert wegen $|\int^* f_n \, d\mu| < \infty$ eine Funktion $h_n \in \mathscr{H}^u$ mit

* Die Bedingung ist erfüllt, wenn ein f_k nach unten beschränkt, insbesondere wenn $f_k \geqq 0$ ist.

$f_n \leqq h_n$ und

$$\int^* f_n \, d\mu \leqq \int^* h_n \, d\mu \leqq \int^* f_n \, d\mu + \frac{\varepsilon}{2^n}.$$

Für $g_n := \sup_{1 \leqq i \leqq n} h_i \in \mathscr{H}^u$ gilt $f_n \leqq g_n \leqq g_{n+1}$. Wir beweisen durch vollständige Induktion:

$$\int^* g_n \, d\mu \leqq \int^* f_n \, d\mu + \varepsilon \left(1 - \frac{1}{2^n}\right).$$

Für $n = 1$ ist diese Behauptung offenbar richtig; ihre Gültigkeit sei für $n \in \mathbf{N}$ vorausgesetzt. Aus $g_n \geqq f_n$ und $h_{n+1} \geqq f_{n+1} \geqq f_n$ folgt $\inf(g_n, h_{n+1}) \geqq f_n$; aus $g_{n+1} = \sup(g_n, h_{n+1})$ ergibt sich

$$\begin{aligned} g_n + h_{n+1} &= \inf(g_n, h_{n+1}) + \sup(g_n, h_{n+1}) \\ &= \inf(g_n, h_{n+1}) + g_{n+1}. \end{aligned}$$

Nach 4.5 gilt dann:

$$\begin{aligned} \int^* g_{n+1} \, d\mu &= \int^* g_n \, d\mu + \int^* h_{n+1} \, d\mu - \int^* \inf(g_n, h_{n+1}) \, d\mu \\ &\leqq \int^* f_n \, d\mu + \varepsilon \left(1 - \frac{1}{2^n}\right) + \int^* f_{n+1} \, d\mu + \frac{\varepsilon}{2^{n+1}} - \int^* f_n \, d\mu \\ &= \int^* f_{n+1} \, d\mu + \varepsilon \left(1 - \frac{1}{2^{n+1}}\right). \end{aligned}$$

Damit ist der Satz bewiesen. □

7.2 Korollar. *Sei $(f_n)_{n \in \mathbf{N}}$ eine isotone Folge integrierbarer Funktionen auf E. Genau dann ist $\sup_{n \in \mathbf{N}} f_n$ integrierbar, wenn $\sup_{n \in \mathbf{N}} \int f_n \, d\mu < \infty$ ist. Es gilt dann*

(7.3)
$$\int \sup_{n \in \mathbf{N}} f_n \, d\mu = \sup_{n \in \mathbf{N}} \int f_n \, d\mu.$$

Beweis. Es ist

$$\begin{aligned} -\infty < \int f_1 \, d\mu &\leqq \sup_{n \in \mathbf{N}} \int f_n \, d\mu = \sup_{n \in \mathbf{N}} \int_* f_n \, d\mu \leqq \int_* \sup_{n \in \mathbf{N}} f_n \, d\mu \\ &\leqq \int^* \sup_{n \in \mathbf{N}} f_n \, d\mu = \sup_{n \in \mathbf{N}} \int^* f_n \, d\mu = \sup_{n \in \mathbf{N}} \int f_n \, d\mu. \end{aligned}$$

Daraus folgt die Behauptung. □

7.3 Beispiele. (1) Auf dem Intervall $I = [0,1]$ ist die numerische Funktion

$$f: x \mapsto \begin{cases} \dfrac{1}{\sqrt{1-x^2}}, & x \neq 1 \\ +\infty, & x = 1 \end{cases}$$

$\lambda_{[0,1]}$-integrierbar, und es ist $\int f \, d\lambda_I = \frac{\pi}{2}$. Um dies einzusehen, setze man für $n \in \mathbf{N}$ $a_n := \sqrt{1 - \frac{1}{n^2}}$ und

$$f_n : x \mapsto \begin{cases} \dfrac{1}{\sqrt{1-x^2}}, & x \leqq a_n \\ n, & x > a_n \end{cases} \qquad (x \in I).$$

Offenbar ist (f_n) eine isotone Folge in $\mathscr{C}_+(I)$ mit $\sup f_n = f$. Für alle $n \in \mathbf{N}$ ist

$$\int f_n \, d\lambda_I = \int_0^1 f_n(x)\,dx = \int_0^{a_n} f_n(x)\,dx + \int_{a_n}^1 f_n(x)\,dx$$

$$= \int_0^{a_n} \frac{1}{\sqrt{1-x^2}}\,dx + \int_{a_n}^1 n\,dx = [\operatorname{arc\,sin} x]_0^{a_n} + n\left(1 - \sqrt{1 - \frac{1}{n^2}}\right).$$

Dabei wurde der Hauptwert $\left(-\frac{\pi}{2} \leqq \operatorname{arc\,sin} \leqq \frac{\pi}{2}\right)$ des arc sin benutzt. Wegen $\sqrt{1 - \frac{1}{n^2}} \leqq 1$ folgt

$$1 - \frac{1}{n^2} \leqq \sqrt{1 - \frac{1}{n^2}}, \quad \text{also} \quad n\left(1 - \sqrt{1 - \frac{1}{n^2}}\right) \leqq n \frac{1}{n^2} = \frac{1}{n}.$$

Daher ist

$$\sup_{n \in \mathbf{N}} \int f_n \, d\lambda_I = \lim_{n \to \infty} \operatorname{arc\,sin} a_n = \operatorname{arc\,sin} 1 = \frac{\pi}{2} < \infty,$$

und aus 7.2 folgt die Behauptung.

(2) Sei $\alpha > 0$. Auf dem Intervall $I = [0,1]$ ist die numerische Funktion

$$h_\alpha : x \mapsto \begin{cases} \frac{1}{x^\alpha}, & x \neq 0 \\ +\infty, & x = 0 \end{cases}$$

genau dann $\lambda_{[0,1]}$*-integrierbar, wenn* $\alpha < 1$ *ist.* (Dies zeigt insbesondere, daß das Produkt der integrierbaren Funktionen $h_{1/2}$ und $h_{1/2}$ nicht wieder integrierbar ist). Man betrachte für $n \in \mathbf{N}$ die auf I definierten stetigen Funktionen

$$f_n : x \mapsto \begin{cases} \frac{1}{x^\alpha}, & x > \frac{1}{n} \\ n^\alpha, & x \leqq \frac{1}{n} \end{cases}.$$

Es gilt $f_n \uparrow h_\alpha$, und für $\alpha \neq 1$ ist

$$\int f_n \, d\lambda_I = \int_0^{1/n} n^\alpha \, dx + \int_{1/n}^1 \frac{1}{x^\alpha} \, dx = n^\alpha \frac{1}{n} + \left[\frac{1}{1-\alpha} x^{1-\alpha} \right]_{1/n}^1$$

$$= n^{\alpha-1} + \frac{1}{1-\alpha} - \frac{1}{1-\alpha} n^{\alpha-1} = \frac{1}{1-\alpha} - \frac{\alpha}{1-\alpha} n^{\alpha-1}.$$

Für $\alpha < 1$ ist daher

$$\sup_{n \in \mathbf{N}} \int f_n \, d\lambda_I = \frac{1}{1-\alpha} < \infty,$$

also h_α λ_I-integrierbar und

$$\int h_\alpha \, d\lambda_I = \frac{1}{1-\alpha}.$$

Ist $\alpha > 1$, so ist

$$\int^* h_\alpha \, d\lambda_I = \sup_{n \in \mathbf{N}} \int f_n \, d\lambda_I = \sup_{n \in \mathbf{N}} \left(\frac{1}{1-\alpha} + \frac{\alpha}{\alpha - 1} n^{\alpha-1} \right) = +\infty,$$

also h_α nicht λ_I-integrierbar.

Ist $\alpha = 1$, so gilt

$$\int^* h_\alpha \, d\lambda_I = \sup_{n \in \mathbf{N}} \int f_n \, d\lambda_I = \sup_{n \in \mathbf{N}} \left(\int_0^{1/n} n \, dx + \int_{1/n}^1 \frac{1}{x} \, dx \right)$$

$$= 1 + \sup_{n \in \mathbf{N}} \left(\log 1 - \log \frac{1}{n} \right) = 1 + \sup_{n \in \mathbf{N}} \log n = +\infty.$$

Auch in diesem Fall ist also h_α nicht λ_I-integrierbar.

Die Funktionen $h_\alpha (\alpha > 0)$ werden häufig als *Vergleichsfunktionen* herangezogen, wenn eine Funktion auf ihre $\lambda_{[0,1]}$-Integrierbarkeit hin untersucht werden soll. Wir wenden dies im folgenden Beispiel an.

(3) Sei $\beta < 0$. Die auf $I = [0, 1]$ definierte numerische Funktion

$$f: x \mapsto \begin{cases} e^{-x} x^\beta, & x \neq 0 \\ +\infty, & x = 0 \end{cases}$$

ist *genau dann* λ_I*-integrierbar, wenn* $\beta > -1$ *ist*.

Nach 3.5 (5) ist $f \in \mathscr{H}^u$. Für $\beta > -1$ existiert ein $\alpha \in]0, 1[$, so daß $\alpha + \beta > 0$ ist. Daher ist

$$\lim_{x \to 0} x^\alpha e^{-x} x^\beta = \lim_{x \to 0} x^{\alpha+\beta} e^{-x} = 0.$$

Somit existiert ein $M > 0$, so daß $f(x) \leqq M h_\alpha(x)$ für alle $x \in I$ gilt. Daher ist nach (2)

$$\int^* f \, d\lambda_I \leqq M \int h_\alpha \, d\lambda_I < \infty.$$

f ist nach 5.5 λ_I-integrierbar.

Für $\beta \leqq -1$ und $0 < x \leqq 1$ ist $x^{1+\beta} \geqq 1$, also $x^\beta \geqq \frac{1}{x}$ und somit $e^{-x} x^\beta \geqq e^{-1} x^\beta \geqq \frac{1}{e} \frac{1}{x}$. Daher gilt $f(x) \geqq \frac{1}{e} h_1(x)$ für alle $x \in I$, also

$$\int^* f \, d\lambda_I \geqq \frac{1}{e} \int^* h_1 \, d\lambda_I = +\infty.$$

Folglich ist f nicht λ_I-integrierbar.

Wir behandeln im folgenden kurz den elementaren Begriff des limes inferior und superior, dessen Eigenschaften 7.5 der Vollständigkeit halber hier bewiesen werden sollen. Wir benötigen sie zum Beweis des Lebesgueschen Konvergenzsatzes 7.7.

7.4 Definition. *Für jede Folge* $(\alpha_n)_{n \in \mathbf{N}}$ *in* $\overline{\mathbf{R}}$ *setzen wir*

(7.4) $$\liminf_{n \to \infty} \alpha_n := \sup_{n \in \mathbf{N}} \inf_{m \geqq n} \alpha_m$$

und

(7.5) $$\limsup_{n\to\infty} \alpha_n := -\liminf_{n\to\infty}(-\alpha_n).$$

Ist F eine Menge und $(f_n)_{n\in\mathbf{N}}$ *eine Folge numerischer Funktionen auf F, so bezeichne* $\liminf_{n\to\infty} f_n$ *die auf F definierte numerische Funktion* $x \mapsto \liminf_{n\to\infty} f_n(x)$. *Schließlich sei*

$$\limsup_{n\to\infty} f_n := -\liminf_{n\to\infty}(-f_n).$$

7.5 Lemma. *Sei* $(\alpha_n)_{n\in\mathbf{N}}$ *eine Folge in* $\overline{\mathbf{R}}$ *und* $\alpha\in\overline{\mathbf{R}}$. *Dann gelten:*

1. $$\limsup_{n\to\infty} \alpha_n = \inf_{n\in\mathbf{N}} \sup_{m\geqq n} \alpha_m.$$

2. $$\liminf_{n\to\infty} \alpha_n \leqq \limsup_{n\to\infty} \alpha_n.$$

3. $(\alpha_n)_{n\in\mathbf{N}}$ *konvergiert in* $\overline{\mathbf{R}}$ *genau dann gegen* α, *wenn*

$$\liminf_{n\to\infty} \alpha_n = \limsup_{n\to\infty} \alpha_n = \alpha \quad \textit{ist}.$$

Beweis. (1) Die Behauptung ergibt sich wie folgt:

$$\limsup_{n\to\infty} \alpha_n = -\liminf_{n\to\infty}(-\alpha_n) = -\sup_{n\in\mathbf{N}} \inf_{m\geqq n}(-\alpha_m)$$
$$= -\sup_{n\in\mathbf{N}}(-\sup_{m\geqq n} \alpha_m) = \inf_{n\in\mathbf{N}} \sup_{m\geqq n} \alpha_m.$$

(2) Für alle $n\in\mathbf{N}$ gilt

$$i_n := \inf_{m\geqq n} \alpha_m \leqq s_n := \sup_{m\geqq n} \alpha_m.$$

Hieraus folgt die behauptete Ungleichung, da die isotone bzw. antitone Folge (i_n) bzw. (s_n) gegen den limes inferior bzw. superior konvergiert.

(3) Da es einen Homöomorphismus von $\overline{\mathbf{R}}$ auf $[-1,1]$ gibt, der ordnungstreu und daher mit der Bildung des limes inferior und des limes superior nach deren Definition vertauschbar ist (vgl. (3.2)), kann o.B.d.A. $|\alpha_n|\leqq 1$ für alle $n\in\mathbf{N}$ angenommen werden.

Ist (α_n) konvergent mit $\alpha=\lim\alpha_n$, dann existiert zu $\varepsilon>0$ ein $n_0\in\mathbf{N}$, so daß für alle $n\geqq n_0$ gilt

$$|\alpha - \alpha_n| \leqq \varepsilon, \quad \text{also} \quad -\varepsilon \leqq \alpha_n - \alpha \leqq \varepsilon$$

und somit

$$-\varepsilon \leqq i_n - \alpha \leqq \varepsilon \quad \text{sowie} \quad -\varepsilon \leqq s_n - \alpha \leqq \varepsilon .$$

Daher ist

$$\alpha = \liminf_{n \to \infty} \alpha_n = \limsup_{n \to \infty} \alpha_n .$$

Sei umgekehrt diese Gleichung erfüllt. Dann existiert zu $\varepsilon > 0$ ein $n_0 \in \mathbf{N}$, so daß für alle $n \geqq n_0$ gilt

$$0 \leqq \alpha - i_n \leqq \varepsilon \quad \text{sowie} \quad -\varepsilon \leqq \alpha - s_n \leqq 0$$

und somit

$$-\varepsilon \leqq \alpha - s_n \leqq \alpha - \alpha_n \leqq \alpha - i_n \leqq \varepsilon .$$

Daher konvergiert (α_n) gegen α. □

Nunmehr ergibt sich das wichtige *Lemma von Fatou:*

7.6 Lemma. *Sei $(f_n)_{n \in \mathbf{N}}$ eine Folge numerischer Funktionen auf E. Existiert dann eine gemeinsame integrierbare Minorante für diese Funktionen, so gilt:*

$$\int^* \liminf_{n \to \infty} f_n \, d\mu \leqq \liminf_{n \to \infty} \int^* f_n \, d\mu . \tag{7.6}$$

Beweis. Sei g intergrierbar, so daß $g \leqq f_n$ für alle $n \in \mathbf{N}$ ist. Für $n \in \mathbf{N}$ sei $g_n := \inf_{m \geqq n} f_m$. Dann gilt

$$g \leqq g_n \quad \text{und} \quad g_n \uparrow \liminf_{n \to \infty} f_n .$$

Wegen $-\infty < \int g \, d\mu \leqq \int^* g_1 \, d\mu$ folgt aus 7.1

$$\int^* \liminf_{n \to \infty} f_n \, d\mu = \sup_{n \in \mathbf{N}} \int^* g_n \, d\mu .$$

Für $n, m \in \mathbf{N}$ mit $n \leqq m$ gilt $g_n \leqq f_m$, also

$$\int^* g_n \, d\mu \leqq \inf_{m \geqq n} \int^* f_m \, d\mu$$

und damit

$$\int^* \liminf_{n \to \infty} f_n \, d\mu = \sup_{n \in \mathbf{N}} \int^* g_n \, d\mu \leqq \sup_{n \in \mathbf{N}} \inf_{m \geqq n} \int^* f_m \, d\mu$$

$$= \liminf_{n \to \infty} \int^* f_n \, d\mu . \quad \square$$

Aus dem Fatouschen Lemma folgt nun der auch *Lebesguescher Konvergenzsatz* genannte

7.7 Satz (von der majorisierten Konvergenz). *Sei $(f_n)_{n\in\mathbf{N}}$ eine Folge integrierbarer Funktionen mit gemeinsamer integrierbarer Majorante $g \geqq |f_n|$ $(n \in \mathbf{N})$ für die Beträge. Konvergiert dann $(f_n)_{n\in\mathbf{N}}$ punktweise gegen eine Funktion f, so ist f integrierbar, und es gilt:*

$$\int f\,d\mu = \lim_{n\to\infty} \int f_n\,d\mu. \tag{7.7}$$

Ist überdies f reellwertig, so gilt schärfer

$$\lim_{n\to\infty} \int |f - f_n|\,d\mu = 0. \tag{7.8}$$

Beweis. g und $-g$ sind integrierbar, und wegen $-g \leqq f_n \leqq g$ für alle $n \in \mathbf{N}$ gilt nach dem Lemma von Fatou:

$$\begin{aligned}
-\infty < \int(-g)\,d\mu &\leqq \limsup_{n\to\infty} \int f_n\,d\mu = -\liminf_{n\to\infty} \int^*(-f_n)\,d\mu \\
&\leqq -\int^* \liminf_{n\to\infty}(-f_n)\,d\mu = -\int^*(-f)\,d\mu = \int_* f\,d\mu \leqq \int^* f\,d\mu \\
&= \int^* \liminf_{n\to\infty} f_n\,d\mu \leqq \liminf_{n\to\infty} \int^* f_n\,d\mu \\
&= \liminf_{n\to\infty} \int f_n\,d\mu \leqq \limsup_{n\to\infty} \int f_n\,d\mu \leqq \int g\,d\mu < \infty.
\end{aligned}$$

Daher ist f integrierbar, und es gilt nach 7.5 (3):

$$\int f\,d\mu = \limsup_{n\to\infty} \int f_n\,d\mu = \liminf_{n\to\infty} \int f_n\,d\mu = \lim_{n\to\infty} \int f_n\,d\mu.$$

Sei nun $f \in \mathscr{L}^1(\mu)$. Dann sind für alle $n \in \mathbf{N}$ die Funktionen $g_n := |f - f_n|$ und $h := |f| + g$ integrierbar. Aus $f = \lim f_n$ folgt $\lim g_n = 0$, also kann wegen

$$|g_n| \leqq |f| + |f_n| \leqq h$$

das bereits Bewiesene auf die Folge (g_n) angewandt werden, und es folgt

$$\lim_{n\to\infty} \int |f - f_n|\,d\mu = \lim_{n\to\infty} \int g_n\,d\mu = 0.$$

Wegen

$$\left|\int f\,d\mu - \int f_n\,d\mu\right| = \left|\int (f - f_n)\,d\mu\right| \leqq \int |f - f_n|\,d\mu \qquad (n \in \mathbf{N})$$

ist (7.8) eine Verschärfung der Aussage (7.7). □

7.8 Bemerkungen. (1) Sei f die Dirichletsche Sprungfunktion auf $I=[a,b]$, $a<b$, und $d\colon \mathbf{N}\to\mathbf{Q}\cap[0,1]$ eine Bijektion. Bezeichnet d_n die Indikatorfunktion der Menge $D_n := \{d(1),\ldots,d(n)\}$, so ist

$$d_n = \sum_{i=1}^{n} 1_{\{d(i)\}}$$

und somit $\int d_n\, d\lambda_I = 0$. Wegen $d_n \uparrow f$ ist f gemäß 7.2 λ_I-integrierbar und das Integral gleich 0. In 6.2 hatten wir dieses Resultat auf anderem Wege erhalten.

(Aus 6.1 (1) ist abzulesen, daß jede der Funktionen $1_{\{d(i)\}}$ auf I Riemann-integrierbar ist. Nach 6.3 ist dann auch d_n Riemann-integrierbar; in 6.2 wurde gezeigt, daß dies nicht auf f zutrifft. Dies zeigt, daß die wichtigen Konvergenzsätze 7.2 und 7.7 nicht für das Riemann-Integral gelten.)

(2) Sei $I\subset\mathbf{R}$ ein kompaktes Intervall und $a\in I$. Die auf I definierte Funktion

$$\delta_a := \infty\, 1_{\{a} : x \mapsto \begin{cases} \infty, & x=a \\ 0, & x\neq a \end{cases}$$

heißt *Diracsche Funktion.* Sie ist λ_I-integrierbar mit $\int \delta_a\, d\lambda_I = 0$.

Dies folgt sofort aus dem Satz 7.2 von B. Levi, denn für alle $n\in\mathbf{N}$ ist $n\,1_{\{a\}}$ λ_I-integrierbar, und es gilt $n\,1_{\{a\}}\uparrow\delta_a$ sowie

$$\sup_{n\in\mathbf{N}} \int n\, 1_{\{a\}} d\lambda_I = \sup_{n\in\mathbf{N}} (n0) = 0$$

nach 5.6, Beispiel (1).

(3) Gelegentlich wird von der Diracschen Funktion δ_0 behauptet, daß sie die Eigenschaften einer Dichtefunktion der Einheitsmasse ε_0 bezüglich des Lebesgue-Maßes λ_I auf $I=[-1,\ 1]$ besitze, daß also für alle $f\in\mathscr{C}(I)$ die Funktion $f\delta_0$ λ_I-integrierbar sei mit

$$\int f\delta_0\, d\lambda_I = f(0).$$

Diese Behauptung läßt sich leicht mit Hilfe des Lebesgueschen Konvergenzsatzes widerlegen. Wir zeigen: Es gibt keine λ_I-integrierbare Funktion g auf I, so daß fg für alle $f \in \mathscr{C}(I)$ λ_I-integrierbar und $\int fg\, d\lambda_I = f(0)$ ist. Wir nehmen an, eine Funktion g mit den geforderten Eigenschaften existiere. Für alle $n \in \mathbf{N}$ ist

$$f_n : x \mapsto \begin{cases} nx+1, & -\frac{1}{n} \leqq x \leqq 0 \\ -nx+1, & 0 \leqq x \leqq \frac{1}{n} \\ 0, & x \notin \left[-\frac{1}{n}, \frac{1}{n}\right] \end{cases}$$

λ_I-integrierbar, und es gilt $|f_n g| \leqq |g|$. Die Folge $(f_n g)$ konvergiert punktweise gegen $g(0)\, 1_{\{0\}}$.
Daher ist

$$\lim_{n\to\infty} \int f_n g\, d\lambda_I = g(0) \int 1_{\{0\}}\, d\lambda_I = 0 \neq 1 = \lim_{n\to\infty} \int f_n\, d\varepsilon_0 .$$

Dies aber ist ein Widerspruch.

Anstatt von der *Diracschen Funktion* muß man also vom Diracschen *Maß* sprechen. Dieses besitzt genau die in der Physik gewünschten Eigenschaften.

(4) Im Lebesgueschen Konvergenzsatz kann selbst dann auf die Existenz einer integrierbaren Majorante nicht verzichtet werden, wenn die Grenzfunktion integrierbar ist: Man betrachte auf $I := [-1, 1]$ für $n \in \mathbf{N}$ die Funktionen

$$f_n : x \mapsto \begin{cases} n^2 x + n, & -\frac{1}{n} \leqq x \leqq 0 \\ -n^2 x + n, & 0 \leqq x \leqq \frac{1}{n} \\ 0, & x \notin \left[-\frac{1}{n}, \frac{1}{n}\right]. \end{cases}$$

Offenbar konvergiert die Folge (f_n) (stetiger und somit λ_I-integrierbarer Funktionen) punktweise gegen die λ_I-integrierbare Funktion δ_0. Jedoch gilt

$$\lim_{n\to\infty} \int f_n\, d\lambda_I = \lim_{n\to\infty} \frac{1}{n} n = 1 \neq 0 = \int \delta_0\, d\lambda_I .$$

§ 8 Vertauschung der Integrationsreihenfolge (beim Lebesgue-Maß auf Quadern)

In 2.3 wurde gezeigt, daß man für stetige Funktionen auf einem Quader im $\mathbf{R}^n$ die Reihenfolge der sukzessiven Integrationen vertauschen darf. Der Verallgemeinerung dieses Satzes für integrierbare Funktionen dienen die beiden folgenden Hilfssätze:

8.1 Lemma. *Seien $X \subset \mathbf{R}^p$, $Y \subset \mathbf{R}^q$ kompakte Quader und $h \in \mathscr{H}^u(X \times Y)$. Die folgenden auf X bzw. Y definierten Funktionen liegen in $\mathscr{H}^u(X)$ bzw. $\mathscr{H}^u(Y)$:*

$$(8.1) \qquad {}^y h : x \mapsto h(x,y) \quad bzw. \quad h^x : y \mapsto h(x,y)$$

$$(\textit{für } y \in Y \textit{ bzw. } x \in X)$$

sowie

$$(8.2) \qquad x \mapsto \int^* h^x \, d\lambda_Y \quad bzw. \quad y \mapsto \int^* {}^y h \, d\lambda_X .$$

Es gilt

$$(8.3) \qquad \begin{aligned} \int^* h \, d\lambda_{X \times Y} &= \int^* \left(\int^* h(x,y) \, \lambda_Y(dy)\right) \lambda_X(dx) \\ &= \int^* \left(\int^* h(x,y) \, \lambda_X(dx)\right) \lambda_Y(dy) . \end{aligned}$$

Beweis. Zu $h \in \mathscr{H}^u(X \times Y)$ existiert nach (3.13) eine Folge (f_n) in $\mathscr{C}(X \times Y)$ mit $f_n \uparrow h$. Gemäß 2.1 liegen die Funktionen ${}^y f_n$ bzw. f_n^x sämtlich in $\mathscr{C}(X)$ bzw. $\mathscr{C}(Y)$ $(x \in X, y \in Y, n \in \mathbf{N})$. Ferner gilt

$${}^y f_n \uparrow {}^y h \quad \text{sowie} \quad f_n^x \uparrow h^x .$$

Nach 3.11 liegt dann ${}^y h$ in $\mathscr{H}^u(X)$ und h^x in $\mathscr{H}^u(Y)$. Der Satz 7.1 von B. Levi liefert

$$\int^* {}^y h \, d\lambda_X = \sup_{n \in \mathbf{N}} \int {}^y f_n \, d\lambda_X$$

und

$$\int^* h^x \, d\lambda_Y = \sup_{n \in \mathbf{N}} \int f_n^x \, d\lambda_Y .$$

Nach 2.1 liegen für jedes $n \in \mathbf{N}$ die Funktionen

$$g_n : y \mapsto \int {}^y f_n \, d\lambda_X \quad \text{bzw.} \quad k_n : x \mapsto \int f_n^x \, d\lambda_Y$$

in $\mathscr{C}(Y)$ bzw. $\mathscr{C}(X)$, also

$$g: y \mapsto \int^* {}^y h \, d\lambda_X \quad \text{bzw.} \quad k: x \mapsto \int^* h^x \, d\lambda_Y$$

in $\mathscr{H}^u(Y)$ bzw. $\mathscr{H}^u(X)$.

Aus $g_n \uparrow g$ bzw. $k_n \uparrow k$ folgt abermals nach 7.1 durch wiederholte Anwendung von 2.3 auf die stetigen Funktionen f_n:

$$\int^* \left(\int^* {}^y h(x) \, \lambda_X(dx)\right) \lambda_Y(dy) = \int^* g \, d\lambda_Y = \sup_{n \in \mathbf{N}} \int g_n \, d\lambda_Y$$
$$= \sup_{n \in \mathbf{N}} \int \left(\int f_n(x, y) \, \lambda_X(dx)\right) \lambda_Y(dy) = \sup_{n \in \mathbf{N}} \int f_n \, d\lambda_{X \times Y} = \int^* h \, d\lambda_{X \times Y}$$

bzw. analog

$$\int^* \left(\int^* h^x(y) \, \lambda_Y(dy)\right) \lambda_X(dx) = \int^* h \, d\lambda_{X \times Y}. \quad \square$$

8.2 Lemma. *Seien $X \subset \mathbf{R}^p$ und $Y \subset \mathbf{R}^q$ kompakte Quader. Dann gelten für jede numerische Funktion $f: X \times Y \to \overline{\mathbf{R}}$ die Ungleichungen*

$$(8.4) \quad \begin{aligned} \int_* f \, d\lambda_{X \times Y} &\leqq \int_* \left(\int_* f(x, y) \, \lambda_X(dx)\right) \lambda_Y(dy) \\ &\leqq \int^* \left(\int^* f(x, y) \, \lambda_X(dx)\right) \lambda_Y(dy) \leqq \int^* f \, d\lambda_{X \times Y} \end{aligned}$$

sowie

$$(8.5) \quad \begin{aligned} \int_* f \, d\lambda_{X \times Y} &\leqq \int_* \left(\int_* f(x, y) \, \lambda_Y(dy)\right) \lambda_X(dx) \\ &\leqq \int^* \left(\int^* f(x, y) \, \lambda_Y(dy)\right) \lambda_X(dx) \leqq \int^* f \, d\lambda_{X \times Y}. \end{aligned}$$

Beweis. Nach Definition des Oberintegrals und 8.1 gilt:

$$\begin{aligned} \int^* f \, d\lambda_{X \times Y} &= \inf\left\{\int^* h \, d\lambda_{X \times Y} : h \in \mathscr{H}^u(X \times Y), h \geqq f\right\} \\ &= \inf\left\{\int^* \left(\int^* h(x, y) \, \lambda_X(dx)\right) \lambda_Y(dy) : h \in \mathscr{H}^u(X \times Y), h \geqq f\right\} \\ &\geqq \int^* \left(\int^* f(x, y) \, \lambda_X(dx)\right) \lambda_Y(dy). \end{aligned}$$

Wegen (5.6) gilt damit auch

$$\int_* f \, d\lambda_{X \times Y} \leqq \int_* \left(\int_* f(x, y) \, \lambda_X(dx)\right) \lambda_Y(dy).$$

Ebenso sieht man (8.5) ein. $\square$

Der folgende *Vertauschungssatz* stellt eine Spezialisierung eines allgemeinen Satzes der Maßtheorie dar, nämlich des Satzes von *Fubini*. Er ist der Schlüssel für eine Verallgemeinerung von 2.3 auf integrierbare Funktionen (vgl. 8.5).

8.3 Satz. *Seien $X \subset \mathbf{R}^p$ und $Y \subset \mathbf{R}^q$ kompakte Quader und f eine auf $X \times Y$ definierte $\lambda_{X \times Y}$-integrierbare Funktion. Die auf Y bzw. X definierten Funktionen*

$$y \mapsto \int_* f(x, y)\,\lambda_X(dx) \quad \text{und} \quad y \mapsto \int^* f(x, y)\,\lambda_X(dx)$$

bzw.

$$x \mapsto \int_* f(x, y)\,\lambda_Y(dy) \quad \text{und} \quad x \mapsto \int^* f(x, y)\,\lambda_Y(dy)$$

sind λ_Y- bzw. λ_X-integrierbar, und es gilt:

$$(8.6) \quad \int f\,d\lambda_{X \times Y} = \int \left(\int_* f(x, y)\,\lambda_X(dx)\right) \lambda_Y(dy)$$
$$= \int \left(\int^* f(x, y)\,\lambda_X(dx)\right) \lambda_Y(dy) = \int \left(\int_* f(x, y)\,\lambda_Y(dy)\right) \lambda_X(dx)$$
$$= \int \left(\int^* f(x, y)\,\lambda_Y(dy)\right) \lambda_X(dx).$$

Beweis. Aus 8.2 folgt

$$\int f\,d\lambda_{X \times Y} \leqq \int_* \left(\int_* f(x, y)\,\lambda_X(dx)\right) \lambda_Y(dy)$$
$$\leqq \begin{cases} \int_* \left(\int^* f(x, y)\,\lambda_X(dx)\right) \lambda_Y(dy) \\ \int^* \left(\int_* f(x, y)\,\lambda_X(dx)\right) \lambda_Y(dy) \end{cases}$$
$$\leqq \int^* \left(\int^* f(x, y)\,\lambda_X(dx)\right) \lambda_Y(dy) \leqq \int f\,d\lambda_{X \times Y}.$$

Eine entsprechende Ungleichungsreihe gilt bei vertauschter Integrationsreihenfolge. Hieraus folgt die Behauptung. □

Wir zeigen nun, daß (2.3) allgemein für integrierbare Funktionen gilt:

8.4 Satz. *Seien $X \subset \mathbf{R}^p$ und $Y \subset \mathbf{R}^q$ kompakte Quader und f_1 bzw. f_2 λ_X- bzw. λ_Y-integrierbare Funktionen. Dann ist deren Tensorprodukt*

$$f_1 \otimes f_2 : (x, y) \mapsto f_1(x) f_2(y)$$

$\lambda_{X \times Y}$-integrierbar, und es gilt:

$$(8.7) \qquad \int (f_1 \otimes f_2)\,d\lambda_{X \times Y} = \int f_1\,d\lambda_X \cdot \int f_2\,d\lambda_Y.$$

Beweis. Da $f_1 \otimes f_2 = f_1^+ \otimes f_2^+ - f_1^+ \otimes f_2^- - f_1^- \otimes f_2^+ + f_1^- \otimes f_2^-$ gilt, genügt es wegen 5.14, den Fall $f_1, f_2 \geqq 0$ zu behandeln. Nach dem Integrabilitätskriterium 5.8 existieren zu $\varepsilon > 0$ λ_X- bzw. λ_Y-integrierbare Funktionen $g_1 \in \mathscr{H}_+^o(X)$, $h_1 \in \mathscr{H}_+^u(X)$ bzw. $g_2 \in \mathscr{H}_+^o(Y)$, $h_2 \in \mathscr{H}_+^u(Y)$ mit

$$g_1 \leqq f_1 \leqq h_1 \quad \text{und} \quad g_2 \leqq f_2 \leqq h_2$$

sowie

$$\int h_1 \, d\lambda_X \int h_2 \, d\lambda_Y - \int g_1 \, d\lambda_X \int g_2 \, d\lambda_Y < \varepsilon .$$

h_1 und h_2 können dabei als strikt positiv vorausgesetzt werden (dies läßt sich durch Addition einer hinreichend kleinen Konstanten >0 zu h_1 und h_2 unter Erhaltung obiger Ungleichungen stets erreichen).

Die Funktionen

$$(x, y) \mapsto h_1(x) \quad \text{bzw.} \quad (x, y) \mapsto h_2(y)$$

liegen in $\mathscr{H}_+^u(X \times Y)$. Nach 3.5 (5) ist daher

$$h_1 \otimes h_2 \in \mathscr{H}_+^u(X \times Y),$$

und wegen (8.3) gilt:

$$\begin{aligned} \int^* h_1 \otimes h_2 \, d\lambda_{X \times Y} &= \int^* \left(\int^* h_1(x) \, h_2(y) \, \lambda_Y(dy) \right) \lambda_X(dx) \\ &= \int^* h_1 \, d\lambda_X \int^* h_2 \, d\lambda_Y = \int h_1 \, d\lambda_X \int h_2 \, d\lambda_Y < +\infty . \end{aligned}$$

(Dabei wurde benutzt, daß $\int^* \infty h_2 \, d\lambda_Y = \infty \int^* h_2 \, d\lambda_Y$ nach 7.1 gilt.)

Somit ist $h_1 \otimes h_2$ eine $\lambda_{X \times Y}$-integrierbare Majorante von $f_1 \otimes f_2$. Ebenso sieht man, daß $g_1 \otimes g_2$ eine in $\mathscr{H}_+^o(X \times Y)$ gelegene $\lambda_{X \times Y}$-integrierbare Minorante von $f_1 \otimes f_2$ ist, die der (8.7) entsprechenden Gleichung genügt. Aus

$$\begin{aligned} &\int h_1 \otimes h_2 \, d\lambda_{X \times Y} - \int g_1 \otimes g_2 \, d\lambda_{X \times Y} \\ &\quad = \int h_1 \, d\lambda_X \int h_2 \, d\lambda_Y - \int g_1 \, d\lambda_X \int g_2 \, d\lambda_Y < \varepsilon \end{aligned}$$

folgt die $\lambda_{X \times Y}$-Integrierbarkeit von $f_1 \otimes f_2$ sowie die Gleichheit (8.7). □

8.5 Bemerkung. Die angekündigte Verallgemeinerung des Satzes 2.3 über die sukzessive Integration ergibt sich nun wie folgt: In 8.1 bis 8.4 darf man die aufeinanderfolgenden Integrationen nicht nur zunächst nach den ersten p und dann nach den letzten q Variablen durchführen, sondern sogar nach beliebigen p und dann nach den restlichen q Variablen. Ist nämlich π eine Permutation von $\{1, \ldots, p+q\}$ und bezeichnet φ den Homöomorphismus

$$(t_1, \ldots, t_{p+q}) \mapsto (t_{\pi(1)}, \ldots, t_{\pi(p+q)})$$

von Q auf $\varphi(Q)$, so gilt für jede numerische Funktion $f: Q \mapsto \bar{\mathbf{R}}$ und jede Darstellung von $\varphi(Q)$ als Produkt zweier Quader $X \subset \mathbf{R}^p$ und $Y \subset \mathbf{R}^q$:

$$(8.8) \quad \int^* f(t_1, \ldots, t_{p+q})\, \lambda_Q\big(d(t_1, \ldots, t_{p+q})\big)$$
$$= \int^* f(t_1, \ldots, t_{p+q})\, \lambda_{X \times Y}\big(d(t_{\pi(1)}, \ldots, t_{\pi(p)}, t_{\pi(p+1)}, \ldots, t_{\pi(p+q)})\big).$$

Dies folgt sofort aus 2.6 und (5.17), denn

$$\int^* f\, d\lambda_Q = \int^* f \circ \varphi^{-1}\, d\big(\varphi(\lambda_Q)\big) =$$
$$= \int^* f \circ \varphi^{-1}\, d\lambda_{\varphi(Q)} = \int^* f \circ \varphi^{-1}\, d\lambda_{X \times Y}.$$

§ 9 Integrierbare Mengen

Wir wenden uns nun der einleitend besprochenen zweiten Aufgabe zu, gewissen Teilmengen A eines kompakten metrischen Raumes E eine „Maßzahl" bezüglich eines Maßes $\mu \in \mathcal{M}_+(E)$ zuzuordnen, welche für den Fall eines Quaders E im $\mathbf{R}^p$ und für das Lebesgue-Maß $\mu = \lambda_E$ dem p-dimensionalen Volumen von A entspricht, für $p = 1, 2, 3$ also mit den elementargeometrischen Begriffen Länge, Fläche bzw. Rauminhalt von A übereinstimmt. Unser Vorgehen orientiert sich an 5.6, Beispiel (1).

Im folgenden bezeichne wieder μ ein positives Maß auf einem kompakten metrischen Raum E.

9.1 Definition. *Für jede Teilmenge $A \subset E$ heiße*

$$(9.1) \qquad \mu^*(A) := \int^* 1_A\, d\mu$$

das äußere (μ-) Maß und

$$(9.2) \qquad \mu_*(A) := \int_* 1_A\, d\mu$$

das innere (μ-) Maß von A.

A heiße (μ-)integrierbar, wenn die Indikatorfunktion 1_A (μ-)integrierbar ist.

Stets gilt

$$(9.3) \qquad 0 \leqq \mu_*(A) \leqq \mu^*(A) \leqq \mu(1) < +\infty .$$

Eine Menge $A \subset E$ ist offenbar genau dann integrierbar, wenn ihr inneres und äußeres Maß übereinstimmen. Der kompakte Gesamtraum E ist stets integrierbar.

9.2 Definition. *Für jede (μ-)integrierbare Menge $A \subset E$ heiße*

$$(9.4) \qquad \mu(A) := \mu_*(A) = \mu^*(A)$$

das (μ-)Maß von A. Eine integrierbare Menge mit Maß Null heiße Nullmenge.

Wegen (9.3) ist $A \subset E$ genau dann eine Nullmenge, wenn $\mu^*(A) = 0$ ist. Die leere Menge ist stets eine Nullmenge.

9.3 Beispiele. (1) Sei $a \in E$. Nach 5.6, Beispiel (2) ist $1_A \in \mathscr{L}^1(\varepsilon_a)$ für jede Teilmenge A von E. Somit ist jede Menge $A \subset E$ ε_a-integrierbar; es gilt

$$(9.5) \qquad \varepsilon_a(A) = \int 1_A \, d\varepsilon_a = 1_A(a) = \begin{cases} 1, & a \in A \\ 0, & a \notin A . \end{cases}$$

A ist genau dann eine ε_a-Nullmenge, wenn $a \notin A$.

(2) Sei $I \subset \mathbf{R}$ ein kompaktes Intervall mit $a, b \in I$ und $a \leqq b$. Dann sind nach 5.6, Beispiel (1) die Intervalle $]a, b[$, $[a, b]$, $]a, b]$ und $[a, b[$ λ_I-integrierbar; es gilt

$$(9.6) \quad \lambda_I(]a,b[) = \lambda_I([a,b]) = \lambda_I(]a,b]) = \lambda_I([a,b[) = b - a .$$

Jede dieser Zahlen ist somit unabhängig von der speziellen Wahl des kompakten Intervalls $I \supset [a, b]$.

(3) Ist $Q \subset \mathbf{R}^p$ ein kompakter Quader, der $A := [a_1, b_1] \times \ldots \times [a_p, b_p]$ enthält, so ist A λ_Q-integrierbar und

$$(9.7) \qquad \lambda_Q(A) = \prod_{i=1}^{p} (b_i - a_i) .$$

Dies folgt sofort aus (9.6) und (8.7) wegen $1_A = 1_{[a_1, b_1]} \otimes \ldots \otimes 1_{[a_p, b_p]}$. Insbesondere ist jede *einpunktige* Menge in Q eine *λ_Q-Nullmenge.*

(4) Seien $X \subset \mathbf{R}^p$ und $Y \subset \mathbf{R}^q$ kompakte Quader und $A \subset X$ λ_X-integrierbar, $B \subset Y$ λ_Y-integrierbar. Dann ist $A \times B$ $\lambda_{X \times Y}$-integrierbar, und es gilt

$$\lambda_{X \times Y}(A \times B) = \lambda_X(A)\, \lambda_Y(B). \tag{9.8}$$

Dies folgt wegen $1_{A \times B} = 1_A \otimes 1_B$ aus (8.7).

Sind $A \subset X$ und $B \subset Y$ beliebige Mengen und ist A eine λ_X- oder B eine λ_Y-Nullmenge, so ist $A \times B$ eine $\lambda_{X \times Y}$-Nullmenge. Ist nämlich etwa $\lambda_X(A) = 0$, so ist

$$\begin{aligned} \lambda^*_{X \times Y}(A \times B) &\leqq \lambda^*_{X \times Y}(A \times Y) = \lambda_{X \times Y}(A \times Y) \\ &= \lambda_X(A)\, \lambda_Y(Y) = 0, \end{aligned}$$

da Y λ_Y-integrierbar ist.

(5) Sei $\varphi: I \to \mathbf{R}^p$ eine stetig differenzierbare Abbildung eines nicht ausgearteten kompakten Intervalles $I \subset \mathbf{R}$ und β_φ das in Beispiel 1.6 eingeführte Bogenmaß auf der Kurve $E = \varphi(I)$ bei der Parametrisierung φ. Dann gilt für jede kompakte Teilmenge A von E

$$\beta_\varphi(A) = \int (1_A \circ \varphi)\, d(\|\varphi'\|\, \lambda_I) = \int (1_A \circ \varphi) \|\varphi'\|\, d\lambda_I.$$

Dies folgt wegen $1_A \in \mathscr{H}^o_+$ aus (4.13) und (4.12) unter Beachtung von 4.2 (2).

Ist überdies $\varphi^{-1}(A)$ ein kompaktes Teilintervall $[\alpha, \beta]$ von I, so gilt wegen $1_A \circ \varphi = 1_{[\alpha, \beta]}$

$$\int (1_A \circ \varphi) \|\varphi'\|\, d\lambda_I = \int 1_{[\alpha, \beta]} \|\varphi'\|\, d\lambda_I = \int \|\varphi'\|\, d\lambda_{[\alpha, \beta]}.$$

Die Begründung für das letzte Gleichheitszeichen liefern wir dabei in 11.1 nach.

$$\beta_\varphi(A) = \int_\alpha^\beta \|\varphi'(t)\|\, dt \tag{9.9}$$

stimmt also mit der Bogenlänge der durch $\varphi: [\alpha, \beta] \to A$ parametrisierten Teilkurve A überein.

Hinter Beispiel (2) verbirgt sich folgende allgemeinere Situation:

9.4 Satz. *Jede offene und jede kompakte Teilmenge von E ist integrierbar.*

Beweis. Sei U eine offene, K eine kompakte Teilmenge von E. Wegen $1_K \in \mathscr{H}^o$ und $1_U \in \mathscr{H}^u$ sowie $0 \leqq 1_K$ und $1_U \leqq 1$ folgt die Behauptung aus 5.5. □

Die kompakten bzw. offenen Mengen übernehmen bei der Integration von Mengen die gleiche Rolle, welche die Funktionen aus $\mathscr{H}^o$ bzw. $\mathscr{H}^u$ bei der Integration von Funktionen spielen (vgl. 5.1, 5.8). Wir zeigen hierzu:

9.5 Satz. 1. *Für jede Teilmenge A von E gilt:*

$$\mu_*(A) = \sup\{\mu(K) : K \subset A,\ K \text{ kompakt}\} \tag{9.10}$$

und

$$\mu^*(A) = \inf\{\mu(U) : U \supset A,\ U \text{ offen}\}. \tag{9.11}$$

2. *A ist genau dann integrierbar, wenn zu jedem $\varepsilon > 0$ eine kompakte Menge K und eine offene Menge U mit $K \subset A \subset U$ und $\mu(U) - \mu(K) < \varepsilon$ existieren.*

Beweis. (1) Wir beweisen zunächst (9.10). Sei dazu $\varepsilon > 0$ und $g \in \mathscr{H}^o$ so gewählt, daß $g \leqq 1_A$ und

$$\mu_*(A) \leqq \mu_*(g) + \frac{\varepsilon}{2}.$$

Sei $\alpha > 2\mu(1)$ und $K := \left\{g \geqq \frac{\varepsilon}{\alpha}\right\}$. Dann ist K abgeschlossen, also kompakt, da E kompakt ist, und es gilt $K \subset A$ sowie $g \leqq 1_K + \frac{\varepsilon}{\alpha}$. Daher ist

$$\begin{aligned}\mu(K) \leqq \mu_*(A) \leqq \mu_*(g) + \frac{\varepsilon}{2} &\leqq \mu(K) + \frac{\varepsilon}{\alpha}\mu(1) + \frac{\varepsilon}{2} \\ &\leqq \mu(K) + \varepsilon.\end{aligned}$$

Ganz entsprechend zeigt man (9.11): Sei $h \in \mathscr{H}^u$ zu $\varepsilon > 0$ so gewählt, daß $1_A \leqq h$ und

$$\mu^*(h) \leqq \mu^*(A) + \frac{\varepsilon}{2}.$$

Sei $\alpha > 2\mu(1)$ und $U = \left\{h > 1 - \frac{\varepsilon}{\alpha}\right\}$. Dann ist U offen und $A \subset U$ sowie $1_U \leqq h + \frac{\varepsilon}{\alpha}$. Folglich ist

$$\mu^*(A) \leqq \mu(U) \leqq \mu^*(h) + \frac{\varepsilon}{\alpha}\mu(1) \leqq \mu^*(A) + \varepsilon.$$

(2) Ist A integrierbar, so folgt die Existenz der Mengen K und U aus dem ersten Teil der Behauptung. Ist umgekehrt die genannte Bedingung erfüllt, so ist A nach 5.8 integrierbar, da $1_K \in \mathscr{H}^o$, $1_U \in \mathscr{H}^u$, $1_K \leqq 1_A \leqq 1_U$ und

$$\int^* (1_U - 1_K)\, d\mu = \int 1_U\, d\mu - \int 1_K\, d\mu = \mu(U) - \mu(K) < \varepsilon$$

gilt. □

Man nennt (9.10) und (9.11) *Regularitätseigenschaften* des Maßes μ.

Aus (9.11) folgt unmittelbar:

9.6 Korollar. *Eine Menge $A \subset E$ ist genau dann eine Nullmenge, wenn A in offenen Mengen beliebig kleinen Maßes enthalten ist.*

Wir stellen nun noch einige weitere Eigenschaften des äußeren Maßes und des Maßes von integrierbaren Mengen zusammen.

9.7 Satz. 1. *Für je zwei Teilmengen A und B von E gilt:*

(9.12) $\quad A \subset B \Rightarrow \mu^*(A) \leqq \mu^*(B) \qquad$ (*Isotonie*).

2. *Für jede isotone Folge $(A_n)_{n\in\mathbf{N}}$ von Teilmengen von E gilt*

(9.13) $$\mu^*\left(\bigcup_{n=1}^{\infty} A_n\right) = \sup_{n\in\mathbf{N}} \mu^*(A_n).$$

3. *Für jede beliebige Folge $(A_n)_{n\in\mathbf{N}}$ von Teilmengen von E gilt*

(9.14) $$\mu^*\left(\bigcup_{n=1}^{\infty} A_n\right) \leqq \sum_{n=1}^{\infty} \mu^*(A_n) \qquad (\sigma\text{-}Subadditivität).$$

Beweis. Die Eigenschaften (1) und (2) ergeben sich aus den entsprechenden Eigenschaften (5.9) bzw. (7.2) des Oberintegrals, da $A \subset B$ mit $1_A \leqq 1_B$ äquivalent ist und

$$1_{\bigcup_{n=1}^{\infty} A_n} = \sup_{n \in \mathbf{N}} 1_{A_n}$$

gilt. Zum Beweis von (3) setze man $B_n := A_1 \cup \ldots \cup A_n$ für jedes $n \in \mathbf{N}$. Dann ist (B_n) eine istone Folge mit $\bigcup B_n = \bigcup A_n$. Aus (2) folgt daher

(9.15) $$\mu^*\left(\bigcup_{n=1}^{\infty} A_n\right) = \sup_{n \in \mathbf{N}} \mu^*(A_1 \cup \ldots \cup A_n).$$

Nun ist aber

$$1_{A_1 \cup \ldots \cup A_n} \leqq \sum_{i=1}^{n} 1_{A_i}$$

und somit

$$\mu^*(A_1 \cup \ldots \cup A_n) \leqq \int^* \left(\sum_{i=1}^{n} 1_{A_i}\right) d\mu \leqq \sum_{i=1}^{n} \int^* 1_{A_i} d\mu = \sum_{i=1}^{n} \mu^*(A_i)$$

vermöge der Subadditivität (5.10) des Oberintegrals. Zusammen mit (9.15) ergibt dies die gesuchte Ungleichung (9.14). □

9.8 Korollar. *Jede Teilmenge einer Nullmenge ist selbst eine Nullmenge. Die Vereinigung einer jeden Folge von Nullmengen ist selbst eine Nullmenge.*

Dies folgt sofort aus der Isotonie und σ-Subadditivität des äußeren Maßes. Die in 9.8 zuerst genannte Eigenschaft wird häufig *Vollständigkeit* von μ genannt.

9.9 Beispiel. Jede abzählbare Teilmenge eines Quaders $Q \subset \mathbf{R}^p$ ist eine λ_Q-Nullmenge. Insbesondere ist die Menge aller Punkte $x \in Q$ mit lauter rationalen Koordinaten eine λ_Q-Nullmenge.

Dies folgt sofort bei Berücksichtigung von 9.3, Beispiel (3).

9.10 Satz. 1. *Mit je zwei integrierbaren Mengen A und B sind auch $A \cup B$, $A \cap B$ und $A \setminus B$ integrierbar. Es gilt*

(9.16) $$\mu(A \cup B) + \mu(A \cap B) = \mu(A) + \mu(B),$$

(9.17) $\mu(A \cup B) \leqq \mu(A) + \mu(B)$ (*Subadditivität*),

(9.18) $A \cap B = \emptyset \Rightarrow \mu(A \cup B) = \mu(A) + \mu(B)$ (*Additivität*)

sowie

(9.19) $\mu(A \setminus B) = \mu(A) - \mu(A \cap B)$.

2. *Für jede Folge* $(A_n)_{n \in \mathbf{N}}$ *integrierbarer Mengen sind auch* $\bigcup_{n=1}^{\infty} A_n$ *und* $\bigcap_{n=1}^{\infty} A_n$ *integrierbare Mengen. Gilt* $A_i \cap A_j = \emptyset$ *für alle* $i, j \in \mathbf{N}$ *mit* $i \neq j$, *d.h. sind die Mengen* $A_n, n \in \mathbf{N}$, *paarweise fremd, so ist*

(9.20) $$\mu\left(\bigcup_{n=1}^{\infty} A_n\right) = \sum_{n=1}^{\infty} \mu(A_n) \qquad (\sigma\text{-}Additivität).$$

Beweis. (1) Für je zwei Mengen $A, B \subset E$ gilt

$$1_{A \cup B} + 1_{A \cap B} = 1_A + 1_B \quad \text{und} \quad 1_{A \cap B} = 1_A 1_B.$$

Nach Satz 5.15 sind daher mit A und B auch $A \cap B$ und nach 5.7 auch $A \cup B$ integrierbar, und es gilt (9.16). Hieraus aber folgen (9.17) und (9.18). Wegen $A = (A \setminus B) \cup (A \cap B)$ folgt aus (9.18) die Gleichheit (9.19).

(2) Wie im Beweis von 9.7 setze man $B_n := A_1 \cup \ldots \cup A_n$ für alle $n \in \mathbf{N}$. Wegen $\bigcup A_n = \bigcup B_n$ und

$$\sup_{n \in \mathbf{N}} \mu^*(B_n) \leqq \mu^*(E) = \mu(1) < +\infty$$

folgt dann aus 7.2 die Integrierbarkeit von $\bigcup A_n$. Beachtet man

$$\bigcap_{n=1}^{\infty} A_n = E \setminus \bigcup_{n=1}^{\infty} (E \setminus A_n),$$

so folgt wegen der Integrierbarkeit von E mittels der Behauptung (1) auch die Integrierbarkeit des Durchschnitts $\bigcap A_n$.

Sind die Mengen A_n paarweise fremd, so gilt

$$1_{\bigcup_{n=1}^{\infty} A_n} = \sum_{n=1}^{\infty} 1_{A_n}$$

und damit nach der Folgerung 7.2 des Satzes von B. Levi

$$\mu\left(\bigcup_{n=1}^{\infty} A_n\right) = \int \left(\sum_{n=1}^{\infty} 1_{A_n}\right) d\mu = \int \left(\sup_{n\in\mathbf{N}} \sum_{i=1}^{n} 1_{A_i}\right) d\mu$$

$$= \sup_{n\in\mathbf{N}} \sum_{i=1}^{n} \int 1_{A_i} d\mu = \sum_{n=1}^{\infty} \mu(A_n). \quad \square$$

§ 10 Integration über Mengen

In diesem Abschnitt soll insbesondere die Rolle der Nullmengen beim Integrieren untersucht werden. Wir wollen u. a. zeigen, daß zwei integrierbare Funktionen gleiche Integrale besitzen, wenn sie fast überall, d. h. außerhalb einer Nullmenge übereinstimmen, und daß eine integrierbare Funktion fast überall reellwertig ist. Dies gibt uns die Möglichkeit, eine numerische integrierbare Funktion durch eine reelle zu ersetzen, ohne dabei den Wert des Integrals zu verändern. Schwierigkeiten im Umgang mit numerischen Funktionen (etwa bei der Summenbildung) lassen sich auf diese Weise weitgehend vermeiden.

Im folgenden sei E wieder ein kompakter metrischer Raum und μ ein Maß auf E.

10.1 Definition. *Man sagt, eine Eigenschaft bestehe* (μ-) *fast überall, wenn eine* (μ-)*Nullmenge N existiert derart, daß alle Punkte aus $E \backslash N$ die Eigenschaft besitzen.*

Wegen der Vollständigkeit von μ (vgl. 9.8) ist hiermit gleichwertig die Forderung, daß die Menge aller Punkte $x \in E$, welche die Eigenschaft nicht besitzen, selbst eine Nullmenge ist.

Beispielsweise bedeutet die Aussage „eine numerische Funktion $f: E \to \overline{\mathbf{R}}$ *verschwindet fast überall*", daß die Menge $\{x \in E : f(x) \neq 0\}$ eine Nullmenge ist. „f ist *fast überall endlich*" bedeutet, daß die Menge $\{x \in E : |f(x)| = \infty\}$ eine Nullmenge ist.

Wir benützen fortan folgende *Bezeichnung:* Sei A Teilmenge einer Menge E und sei f eine auf einer Obermenge von A definierte numerische Funktion. Dann bezeichne f_A (oder genauer f_A^E) die auf E durch

$$(10.1) \qquad f_A(x) := \begin{cases} f(x), & x \in A \\ 0, & x \in E \setminus A \end{cases}$$

definierte numerische Funktion. Offenbar steht (10.1) im Einklang mit der Definition der Indikatorfunktion der Menge A, die sich für $f = 1$ ergibt.

10.2 Satz. *Für jede numerische Funktion f auf E gilt:*

1. *Verschwindet f fast überall, so ist f integrierbar und $\int f\,d\mu = 0$.*
2. *Ist $f \geqq 0$ und $\int^* f\,d\mu = 0$, so verschwindet f fast überall.*
3. *Jede numerische Funktion g auf E, welche fast überall gleich f ist, besitzt dasselbe Oberintegral wie f.*

Beweis. (1) Sei N die Menge aller $x \in E$ mit $f(x) \neq 0$ und $g := \sup_{n \in \mathbf{N}} n 1_N$. Dann ist g nach 7.2 integrierbar und $\int g\,d\mu = 0$. Aus $-g \leqq f \leqq g$ folgt daher

$$0 = \int (-g)\,d\mu \leqq \int_* f\,d\mu \leqq \int^* f\,d\mu \leqq \int g\,d\mu = 0$$

und somit die Behauptung.

(2) Sei N wie oben definiert. Dann folgt aus $1_N \leqq \sup_{n \in \mathbf{N}} nf$ und dem Satz von B. Levi

$$\mu^*(N) \leqq \int^* (\sup_{n \in \mathbf{N}} nf)\,d\mu = \sup_{n \in \mathbf{N}} n \int^* f\,d\mu = 0.$$

Also verschwindet f fast überall.

(3) Sei N eine zunächst beliebige Nullmenge. Dann gilt

$$\int^* f\,d\mu = \int^* f_{E \setminus N}\,d\mu.$$

In der Tat: Aus $f = f_{E \setminus N} + f_N$ und der Subadditivität des Oberintegrals folgt zunächst $\int^* f\,d\mu \leqq \int^* f_{E \setminus N}\,d\mu + \int^* f_N\,d\mu$ und somit gemäß (1) $\int^* f\,d\mu \leqq \int^* f_{E \setminus N}\,d\mu$, da f_N fast überall verschwindet. Für den Beweis der hierzu dualen Ungleichung sei h eine Funktion aus $\mathscr{H}^u$ mit $h \geqq f$. Setzen wir $q := \infty 1_N$, so gilt $h + q \geqq f_{E \setminus N}$ und somit

$$\int^* f_{E \setminus N}\, d\mu \leqq \int^* (h+q)\, d\mu \leqq \int^* h\, d\mu + \int^* q\, d\mu = \int^* h\, d\mu,$$

da auch q fast überall verschwindet. Aus $\int^* f_{E \setminus N}\, d\mu \leqq \int^* h\, d\mu$ für alle $h \in \mathscr{H}^u$ mit $h \geqq f$ folgt aber $\int^* f_{E \setminus N}\, d\mu \leqq \int^* f\, d\mu$.

Die bewiesene Gleichheit gilt für f und g, d.h.

$$\int^* f\, d\mu = \int^* f_{E \setminus N}\, d\mu \quad \text{und} \quad \int^* g\, d\mu = \int^* g_{E \setminus N}\, d\mu.$$

Hieraus folgt die Behauptung, wenn man für N die spezielle Nullmenge $\{x \in E : f(x) \neq g(x)\}$ wählt. Dann ist nämlich $f_{E \setminus N} = g_{E \setminus N}$. □

Wir zeigen nun wie angekündigt:

10.3 Satz. *Für jede integrierbare Funktion $f: E \to \overline{\mathbf{R}}$ gilt:*

1. *f ist fast überall endlich.*
2. *Ist g eine numerische Funktion auf E, die fast überall gleich f ist, so ist g integrierbar und $\int g\, d\mu = \int f\, d\mu$.*

Beweis: (1) Sei $N := \{x \in E : |f(x)| = \infty\}$. Für alle $\alpha > 0$ gilt $\alpha 1_N \leqq |f|$, also

$$\alpha \mu^*(N) = \int^* \alpha 1_N\, d\mu \leqq \int^* |f|\, d\mu < \infty,$$

da nach 5.13 mit f auch $|f|$ integrierbar ist. Folglich ist $\mu^*(N) = 0$, d.h. f fast überall endlich.

(2) Gemäß 10.2 (3) besitzen f und g sowie $-f$ und $-g$ gleiches Oberintegral. Also besitzen f und g gleiche Ober- und Unterintegrale. Hieraus folgt die Behauptung, da f integrierbar ist. □

Die vorangegangenen Sätze zeigen, daß die Abänderung einer Funktion auf einer Nullmenge nicht die Integrabilität dieser Funktion beeinflußt und daß die Werte einer Funktion auf einer Nullmenge N keinen Beitrag zum Integral leisten, also im Sinne der folgenden Definition nur noch das Integral über die Komplementmenge $E \setminus N$ zu betrachten bleibt.

10.4 Definition. *Für jede Teilmenge A des kompakten metrischen Raumes E und jede auf einer Obermenge von A definierte numerische Funktion f heiße*

(10.2) $$\int_A^* f\,d\mu := \int^* f_A\,d\mu$$

bzw.

(10.3) $$\int_{*A} f\,d\mu := \int_* f_A\,d\mu$$

das Ober- bzw. Unterintegral von f über A bezüglich μ.

f heiße über A (μ-)integrierbar, wenn f_A (μ-)-integrierbar ist. Man setzt dann

(10.4) $$\int_A f\,d\mu := \int f_A\,d\mu$$

*und nennt diese Zahl das Integral von f über A bezüglich μ.**

f ist also genau dann über A integrierbar, wenn Ober- und Unterintegral von f über A übereinstimmen und endlich sind. Für $A = E$ reduzieren sich obige Begriffsbildungen auf Ober- bzw. Unterintegral bzw. auf das Integral von f. Ferner gilt für jede Menge $A \subset E$ z.B.

(10.5) $$\mu^*(A) = \int_A^* 1\,d\mu.$$

Die Rechenregeln für Integrale über Teilmengen folgen meist unmittelbar aus der Definition. Die wichtigsten dieser Regeln sollen hier kurz zusammengestellt werden.

10.5 Satz. *Zwei numerische Funktionen f und g seien auf Obermengen einer Menge $A \subset E$ definiert. Dann gilt:*

1. *Sind f und g über A integrierbar und ist $f(x)+g(x)$ für alle $x \in A$ definiert, so ist $f+g$ über A integrierbar und*

$$\int_A (f+g)\,d\mu = \int_A f\,d\mu + \int_A g\,d\mu.$$

2. *Mit f ist auch αf für jedes $\alpha \in \mathbf{R}$ über A integrierbar. Es ist*

$$\int_A (\alpha f)\,d\mu = \alpha \int_A f\,d\mu.$$

* Aus Gründen der Platzersparnis wird statt $\int_A^*$, $\int_{*A}$ bzw. $\int_A$ häufig auch das Zeichen $\int_A^*$, $\int_{*A}$ bzw. $\int_A$ verwendet.

3. *Aus $f(x) \leqq g(x)$ für alle $x \in A$ und der Integrierbarkeit von f und g über A folgt*

$$\int_A f\,d\mu \leqq \int_A g\,d\mu.$$

4. *Mit f ist auch $|f|$ über A integrierbar, und es gilt*

$$\left|\int_A f\,d\mu\right| \leqq \int_A |f|\,d\mu.$$

5. *f ist genau dann über A integrierbar, wenn f^+ und f^- über A integrierbar sind.*

Beweis. Die Behauptungen ergeben sich aus den entsprechenden, uns für $A = E$ bereits bekannten Eigenschaften, wenn man berücksichtigt, daß stets

$$(f+g)_A = f_A + g_A,\ (\alpha f)_A = \alpha f_A,\ (f^+)_A = (f_A)^+,$$
$$(f^-)_A = (f_A)^- \quad \text{und} \quad |f|_A = |f_A|$$

sowie im Falle (3) $f_A \leqq g_A$ gilt. □

Wichtig ist vor allem

10.6 Satz. *Sei f integrierbar über eine Menge $B \subset E$. Dann ist f auch über jede integrierbare Menge $A \subset B$ integrierbar.*

Wegen $f_A = 1_A f_B$ folgt dies aus 5.15.

10.7 Korollar. *Sind A und B integrierbare Mengen und ist f eine über A und B integrierbare Funktion, so ist f auch über die Mengen $A \cup B$* und *$A \cap B$ integrierbar. Es gilt*

$$\int_{A \cup B} f\,d\mu + \int_{A \cap B} f\,d\mu = \int_A f\,d\mu + \int_B f\,d\mu. \tag{10.6}$$

Beweis. $B \setminus A$ ist eine gemäß 9.10 integrierbare Teilmenge von B. Nach 10.6 ist daher f über $B \setminus A$, d.h. $f_{B \setminus A}$ integrierbar. Wegen $f_{A \cup B} = f_A + f_{B \setminus A}$ ist dann f über $A \cup B$ integrierbar. Aus $f_{A \cup B} + f_{A \cap B} = f_A + f_B$ folgt (10.6). □

In den meisten Anwendungen der Gleichheit (10.6) ist $A \cap B = \emptyset$ und damit wegen $f_\emptyset = 0$ der zweite Summand in (10.6) Null. Über das Verschwinden eines Integrals $\int_N f\,d\mu$ gilt allgemein:

10.8 Satz. *Sei N eine Nullmenge. Dann ist jede numerische Funktion, deren Definitionsbereich N umfaßt, über N integrierbar und* $\int_N f\,d\mu = 0$.

Dies folgt aus 10.2 (1), da f_N fast überall Null ist.

Die Integration über Mengen bringt inhaltlich keine neuen Erkenntnisse. Ihr Wert liegt vielmehr in einer größeren Freiheit im Umgang mit integrierbaren Funktionen.

§ 11 Induzierte Maße

Bislang ist der Begriff des Maßes nur für kompakte metrische Räume definiert. Unser Ziel ist aber die Integration im (nicht kompakten) euklidischen p-dimensionalen Raum. Wir wollen deshalb in diesem Abschnitt die Voraussetzungen für eine Übertragung des Maßbegriffes sogar auf beliebige metrische Räume schaffen. Wir orientieren uns dabei am Lebesgue-Maß:

In 9.3, Beispiel (2) haben wir festgestellt, daß für jedes kompakte Intervall $[a, b]$ die Maßzahl $\lambda_I([a, b])$ unabhängig von der Wahl eines kompakten, $[a, b]$ enthaltenden Intervalls I ist. Wir zeigen nun zunächst, daß Entsprechendes für die Integration stetiger Funktionen gilt:

11.1 Lemma. *Sei I ein kompaktes Intervall in* **R**. *Jede auf einem kompakten Teilintervall* $J \subset I$ *stetige reelle Funktion f ist über J* λ_I*-integrierbar, und es gilt*

$$\int_J f\,d\lambda_I = \int f\,d\lambda_J. \tag{11.1}$$

Beweis. Wegen 10.5 (5) kann $f \geqq 0$ angenommen werden. Dann ist f_J eine Funktion aus $\mathscr{H}_+^o(I)$, also λ_I-integrierbar nach 5.5 (3). Somit ist f über J λ_I-integrierbar.

Zum Beweis von (11.1) bezeichnen wir die Endpunkte von I und J: Es sei $I = [a', b']$ und $J = [a, b]$. Durch lineares Interpolieren findet man dann zu jedem $n \in \mathbf{N}$ eine Funktion $f_n \in \mathscr{C}_+(I)$ mit

$$f_n(x) = 0 \qquad \text{für alle} \quad x \in I \setminus [a - \frac{1}{n}, b + \frac{1}{n}]$$

und

$$f_n(x) = f(x) \quad \text{für alle} \quad x \in J.$$

Dann gilt $f_n \downarrow f_J$. Eine Anwendung des Konvergenzsatzes 7.2 oder 7.7 liefert

$$\int_J f\, d\lambda_I = \lim_{n \to \infty} \int f_n\, d\lambda_I = \lim_{n \to \infty} \int_{a'}^{b'} f_n(x)\, dx.$$

Nun ist aber wegen der Wahl von f_n

$$\int_{a'}^{b'} f_n(x)\, dx = \int_{a_n}^{a} f_n(x)\, dx + \int_a^b f(x)\, dx + \int_b^{b_n} f_n(x)\, dx,$$

wenn dabei $a_n := \max\left(a', a - \frac{1}{n}\right)$ und $b_n := \min\left(b', b + \frac{1}{n}\right)$ gesetzt wird. Hieraus folgt wegen $\lim a_n = a$ und $\lim b_n = b$

$$\lim_{n \to \infty} \int_{a'}^{b'} f_n(x)\, dx = \int_a^b f(x)\, dx = \int f\, d\lambda_J$$

und somit die Gleichheit (11.1). □

Eine analoge Aussage gilt auch in höheren Dimensionen:

11.2 Satz. *Sind A und B kompakte Quader im $\mathbf{R}^p$ mit $A \subset B$, so ist jede Funktion $f \in \mathscr{C}(A)$ über A λ_B-integrierbar. Es gilt*

$$\int_A f\, d\lambda_B = \int f\, d\lambda_A. \tag{11.2}$$

Beweis. Wiederum kann $f \geqq 0$ angenommen werden. Dann ist $f_A \in \mathscr{H}^o_+(B)$, also λ_B-integrierbar. Den Beweis von (11.2) führen wir durch vollständige Induktion nach der Dimension p. Nach 11.1 gilt die Behauptung für $p = 1$. Sie sei für ein $p \in \mathbf{N}$ richtig. Um die Gültigkeit für die Dimension $p + 1$ zu beweisen, schreibe man A und B in der Form

$$A = A_1 \times A_2 \quad \text{und} \quad B = B_1 \times B_2$$

mit kompakten Quadern $A_1 \subset B_1 \subset \mathbf{R}^p$ und kompakten Intervallen $A_2 \subset B_2 \subset \mathbf{R}$. Nach 8.3 gilt

$$\int_A f\,d\lambda_B = \int f_A\,d\lambda_B = \int\left(\int^* f_A(x,y)\,\lambda_{B_2}(dy)\right)\lambda_{B_1}(dx).$$

Da der Integrand des äußeren Integrals auf $B_1 \setminus A_1$ verschwindet und $f^x : y \mapsto f(x,y)$ stetig auf A_2 für alle $x \in A_1$ ist, gilt nach 11.1

$$\int_A f\,d\lambda_B = \int_{A_1}\left(\int_{A_2} f^x\,d\lambda_{B_2}\right)\lambda_{B_1}(dx) = \int_{A_1}\left(\int f^x\,d\lambda_{A_2}\right)\lambda_{B_1}(dx).$$

Nach 2.1 ist die auf A_1 definierte Abbildung $x \mapsto \int f^x\,d\lambda_{A_2}$ stetig auf A_1. Nach Induktionsannahme gilt daher

$$\int_{A_1}\left(\int f^x\,d\lambda_{A_2}\right)\lambda_{B_1}(dx) = \int\left(\int f^x\,d\lambda_{A_2}\right)\lambda_{A_1}(dx)$$
$$= \int\left(\int f(x,y)\,\lambda_{A_2}(dy)\right)\lambda_{A_1}(dx) = \int f\,d\lambda_A. \quad \square$$

Wir wollen nun zeigen, daß sogar die (11.2) entsprechende Beziehung für Oberintegrale gilt. Dazu gehen wir gleich allgemeiner vor. Im folgenden sei wieder E ein kompakter metrischer Raum und μ ein positives Maß auf E. Der folgende Satz besagt, daß in der Situation des Satzes 11.2 das Lebesgue-Maß λ_A von λ_B auf A induziert wird:

11.3 Satz. *Sei $K \subset E$ kompakt und $f \in \mathscr{C}(K)$. Dann ist f über K integrierbar, und die auf $\mathscr{C}(K)$ definierte Abbildung*

$$(11.3) \qquad f \mapsto \int_K f\,d\mu$$

ist ein Maß μ_K auf K.

μ_K heißt das von μ auf K *induzierte Maß.*

Beweis. Es kann $f \geqq 0$ angenommen werden. Dann ist $f_K \in \mathscr{H}^0_+(E)$, also nach 5.5 (3) μ-integrierbar. Offenbar ist μ_K eine positive Linearform auf $\mathscr{C}(K)$. $\square$

11.2 lehrt, daß für kompakte Quader $A \subset B \subset \mathbf{R}^p$

$$(11.4) \qquad \lambda_A = (\lambda_B)_A$$

gilt.

Der für den Spezialfall der Lebesgue-Maße bereits angekündigte folgende Satz zeigt, daß für auf K definierte Funktionen μ_K-Integrierbarkeit und μ-Integrierbarkeit über K gleichwertig sind:

11.4 Satz. *Sei K eine kompakte Teilmenge von E. Für jede numerische Funktion f auf K gilt:*

$$\int^* f\,d\mu_K = \int_K^* f\,d\mu. \tag{11.5}$$

f ist genau dann μ_K-integrierbar, wenn f über K μ-integrierbar ist. Es gilt dann

$$\int f\,d\mu_K = \int_K f\,d\mu. \tag{11.6}$$

Beweis. (1) Sei $h \in \mathscr{H}^u(K)$. Dann existiert eine Folge (f_n) in $\mathscr{C}(K)$ mit $f_n \uparrow h$. Nach 11.3 ist dann $\big((f_n)_K\big)_{n\in\mathbf{N}}$ eine isotone Folge μ-integrierbarer Funktionen auf E, für die wegen $(f_n)_K \uparrow h_K$ nach (7.2) gilt:

$$\begin{aligned}\int^* h\,d\mu_K &= \sup_{n\in\mathbf{N}} \int f_n\,d\mu_K = \sup_{n\in\mathbf{N}} \int_K f_n\,d\mu = \sup_{n\in\mathbf{N}} \int (f_n)_K\,d\mu \\ &= \int^* h_K\,d\mu = \int_K^* h\,d\mu.\end{aligned}$$

(2) Sei nun $h' \in \mathscr{H}^u(E)$ und $h' \geqq f_K$. Dann ist $h := \mathrm{Rest}_K h' \in \mathscr{H}^u(K)$ und $h \geqq f$, also gemäß (1)

$$\int^* f\,d\mu_K \leqq \int^* h\,d\mu_K = \int^* h_K\,d\mu \leqq \int^* h'\,d\mu$$

und somit

$$\int^* f\,d\mu_K \leqq \int^* f_K\,d\mu = \int_K^* f\,d\mu.$$

(3) Nach (2) stimmen die Oberintegrale überein, falls $\int^* f\,d\mu_K = +\infty$ ist. Sei daher o.B.d.A. $\int^* f\,d\mu_K < +\infty$. Dann existiert zu $\varepsilon > 0$ eine Funktion $h \in \mathscr{H}^u(K)$ mit $h \geqq f$ und

$$\int^* h\,d\mu_K \leqq \int^* f\,d\mu_K + \varepsilon.$$

Insbesondere ist

$$\int^* h_K\,d\mu = \int^* h\,d\mu_K < +\infty.$$

Daher existiert ein $h' \in \mathscr{H}^u(E)$ mit $h' \geqq h_K \geqq f_K$ und

$$\int^* h'\,d\mu \leqq \int^* h_K\,d\mu + \varepsilon.$$

Folglich ist

$$\int^* f_K \, d\mu \leqq \int^* h' \, d\mu \leqq \int^* h_K \, d\mu + \varepsilon = \int^* h \, d\mu_K + \varepsilon \leqq \int^* f \, d\mu_K + 2\varepsilon.$$

Zusammen mit (2) folgt daher (11.5).

(4) Nach (3) und (5.6) gilt auch $\int_* f \, d\mu_K = \int_* f_K \, d\mu$. Der Rest der Behauptung folgt daher aus der Definition 5.4. □

11.5 Korollar. *Sei A Teilmenge einer kompakten Menge $K \subset E$. Eine auf einer Obermenge von A definierte numerische Funktion f ist genau dann über A μ_K-integrierbar, wenn f über A μ-integrierbar ist. Es gilt dann*

$$\int_A f \, d\mu_K = \int_A f \, d\mu. \tag{11.7}$$

Beweis. Nach 11.4 ist f_A^K μ_K-integrierbar genau dann, wenn $(f_A^K)_K^E = f_A^E$ μ-integrierbar ist; dann gilt

$$\int_A f \, d\mu_K = \int f_A^K \, d\mu_K = \int f_A^E \, d\mu = \int_A f \, d\mu. \quad \square$$

Das folgende Korollar erlaubt es nun, ein Maß auf E mit einer Familie von Maßen auf den kompakten Teilmengen von E zu identifizieren, welche der *Verträglichkeitsbedingung* (11.8) genügt. Diese Eigenschaft ist der Ausgangspunkt für eine Übertragung des Maßbegriffs auf nicht kompakte metrische Räume, die wir im folgenden Kapitel II vornehmen werden.

11.6 Korollar. *Sei* $\mathfrak{K} = \{K \subset E : K \text{ kompakt}\}$. *Für die durch* 11.3 *definierte Familie $(\mu_K)_{K \in \mathfrak{K}}$ von Maßen gilt:*

1. *Für alle $K \in \mathfrak{K}$ ist $\mu_K \in \mathscr{M}_+(K)$.*

2. *Für alle $K_1, K_2 \in \mathfrak{K}$ mit $K_1 \subset K_2$ ist*

$$(\mu_{K_2})_{K_1} = \mu_{K_1}. \tag{11.8}$$

Umgekehrt gibt es zu jeder Familie $(\mu_K)_{K \in \mathfrak{K}}$ mit diesen beiden Eigenschaften genau ein Maß $\nu \in \mathscr{M}_+(E)$ – nämlich $\nu := \mu_E$ –, so daß $\nu_K = \mu_K$ für alle $K \in \mathfrak{K}$ gilt.

Beweis. Sei $\mu \in \mathscr{M}_+(E)$. (1) wurde in 11.3 bewiesen. Für

$f \in \mathscr{C}(K_1)$ gilt nach 11.5:

$$\mu_{K_1}(f) = \int_{K_1} f\, d\mu = \int_{K_1} f\, d\mu_{K_2} = (\mu_{K_2})_{K_1}(f).$$

Daher ist die Bedingung (11.8) erfüllt.

Die Umkehrung ist trivial. □

Kapitel II

Integration auf metrischen Räumen

Unser Hauptziel ist die Integration im $\mathbf{R}^p$. Wie schon im ersten Kapitel, so gehen wir auch hier in zwei Schritten vor. Zunächst führen wir den Begriff des Maßes für den $\mathbf{R}^p$ und allgemeiner für beliebige metrische Räume ein. Danach konstruieren wir wieder ein Oberintegral, welches schließlich zur Definition der Integrierbarkeit und des Integrals führt.

§ 12 Maße und Integrale auf metrischen Räumen

In 11.6 wurde gezeigt, daß jedes Maß auf einem kompakten metrischen Raum E mit einer die Verträglichkeitsbedingung (11.8) erfüllenden Familie von Maßen auf den kompakten Teilmengen von E identifiziert werden kann. Dies veranlaßt uns nun, auf einem beliebigen metrischen Raum ein Maß als eine verträgliche Familie von Maßen auf den kompakten Teilmengen einzuführen.

Im folgenden bezeichne E einen *metrischen Raum* und $\mathfrak{K} = \mathfrak{K}(E)$ *das System seiner kompakten Teilmengen.*

12.1 Definition. *Positives Maß auf E – oder kurz: Maß auf E – heiße jede Familie $\mu = (\mu_K)_{K \in \mathfrak{K}}$ von Maßen $\mu_K \in \mathscr{M}_+(K)$, welche der folgenden Verträglichkeitsbedingung genügt:*

Für je zwei kompakte Mengen $K_1, K_2 \in \mathfrak{K}$ mit $K_1 \subset K_2$ gilt

$$(\mu_{K_2})_{K_1} = \mu_{K_1}. \tag{12.1}$$

12.2 Beispiele. (1) Die Verträglichkeitsbedingung ist erfüllt, wenn jedes μ_K das Nullmaß auf K ist. Das sich somit ergebende Maß auf E heißt wieder *Nullmaß* auf E.

(2) Sei $a \in E$. Für $K \in \mathfrak{K}$ sei μ_K das Nullmaß auf K, falls a nicht in K liegt, und das Dirac-Maß ε_a auf K, falls a in K liegt. Dann ist die Bedingung (12.1) erfüllt. Für jedes $f \in \mathscr{C}(K_1)$ gilt nämlich

$$\mu_{K_1}(f) = \int_{K_1} f \, d\mu_{K_2},$$

da gemäß 5.6, Beispiel (2) im Fall $a \in K_1$ beide Zahlen gleich $f(a)$ und im Fall $a \notin K_1$ beide Zahlen Null sind.

Das so definierte Maß bezeichnen wir wieder mit ε_a und nennen es wieder *Dirac-Maß* oder (Maß der) *Einheitsmasse* in a. Für kompaktes E wird obige Familie gerade von dem in 1.2, Beispiel (2) definierten Dirac-Maß in a auf den kompakten Mengen $K \in \mathfrak{K}$ induziert.

(3) Sei D eine diskrete Teilmenge von E, d.h. eine Teilmenge, für welche jeder der Durchschnitte $K \cap D$ mit $K \in \mathfrak{K}$ eine endliche (eventuell leere) Menge ist. Sei ferner $\alpha : D \to \mathbf{R}_+$ eine positive reelle Funktion auf D. Für jedes $K \in \mathfrak{K}$ werde gesetzt:

$$\mu_K := \sum_{x \in K \cap D} \alpha(x) \, \varepsilon_x^K, \tag{12.2}$$

wenn dabei ε_x^K das auf K definierte Dirac-Maß in x bezeichnet. (Die Summe in (12.2) ist definiert, da $K \cap D$ eine endliche Menge ist; im Fall $K \cap D = \emptyset$ ist die Summe definitionsgemäß das Nullmaß.) Dann ist $(\mu_K)_{K \in \mathfrak{K}}$ ein Maß auf E. Für $K_1, K_2 \in \mathfrak{K}$ mit $K_1 \subset K_2$ und alle $f \in \mathscr{C}(K_1)$ gilt nämlich

$$\mu_{K_1}(f) = \sum_{x \in K_1 \cap D} \alpha(x) f(x) = \sum_{x \in K_2 \cap D} \alpha(x) f_{K_1}^{K_2}(x) = (\mu_{K_2})_{K_1}(f)$$

gemäß 5.6, Beispiel (4). μ heißt *diskretes Maß* mit der *Gewichtsfunktion* $\alpha : D \to \mathbf{R}_+$, da jedes μ_K ein diskretes Maß auf K ist. Für kompaktes E steht diese Bezeichnung mit 1.2, Beispiel (3) im Einklang.

(4) Sei E ein *diskreter* metrischer Raum, also eine Menge

versehen mit der diskreten Metrik, welche nur der Werte 0 und 1 fähig ist. Dann ist *jedes Maß* $(\mu_K)_{K\in\mathfrak{K}}$ *auf E ein diskretes Maß* mit der Gewichtsfunktion $\alpha(x) := \mu_{\{x\}}(\{x\})$, welche auf der Menge $D = E$ definiert ist. (Letztere ist diskret, da die kompakten Teilmengen von E mit den endlichen Teilmengen identisch sind.) Der Beweis folgt aus 1.2, Beispiel (4), wonach für $K\in\mathfrak{K}$ und $f\in\mathscr{C}(K)$ gilt

$$\mu_K(f) = \sum_{x\in K} \mu_K(\{x\})f(x);$$

auf Grund der Verträglichkeitsbedingung (12.1) ist für $x\in K$ aber $\mu_{\{x\}} = (\mu_K)_{\{x\}}$ und somit $\alpha(x) = (\mu_K)_{\{x\}}(\{x\}) = \int 1^K_{\{x\}}\, d\mu_K = \mu_K(\{x\})$.

Auf jedem diskreten metrischen Raum E entsprechen sich somit eineindeutig Maße und Gewichtsfunktionen $\alpha: E \to \mathbf{R}_+$. Für kompaktes E entspricht dieses Resultat dem in 1.2, Beispiel (4) gewonnenen.

(5) Sei $\mu = (\mu_K)_{K\in\mathfrak{K}}$ ein Maß auf dem metrischen Raum E und sei F ein Unterraum von E. Eine Menge $K\subset F$ ist genau dann kompakt bezüglich F, wenn sie kompakt bezüglich E ist. Insbesondere gilt $\mathfrak{K}(F)\subset\mathfrak{K}(E)$. Durch Restriktion der Abbildung $K\mapsto\mu_K$ auf $\mathfrak{K}(F)$ erhalten wir somit die Familie $(\mu_K)_{K\in\mathfrak{K}(F)}$. Diese erfüllt die Verträglichkeitsbedingung (12.1), ist also ein Maß auf F. Dieses heißt das von μ auf F *induzierte Maß*.

Beispielsweise induziert das Dirac-Maß $\mu = \varepsilon_a$ (auf E) auf jedem Unterraum F von E das Dirac-Maß in a auf F bzw. das Nullmaß auf F.

Für kompakte Mengen F induziert μ auf F das Maß μ_F, wie aus dem Korollar 11.6 folgt. Ist nämlich $F\in\mathfrak{K}(E)$, so kann μ_F mit der Familie $((\mu_F)_K)_{K\in\mathfrak{K}(F)} = (\mu_K)_{K\in\mathfrak{K}(F)}$ identifiziert werden. Der Begriff des induzierten Maßes steht daher im Einklang mit dem in 11.3 definierten. Auf Grund dieser Feststellung bezeichnen wir nunmehr für eine beliebige Teilmenge F von E das von μ auf F induzierte Maß mit μ_F. Für $F = E$ ergibt sich $\mu_E = \mu$.

Mit etwas größerem Aufwand als im kompakten Fall lassen

sich auch Maße mit Dichten sowie Bildmaße definieren. Wir gehen hierauf nicht weiter ein.

Der Zugang zu dem für unsere Betrachtungen wichtigsten Beispiel eines Maßes, nämlich dem Lebesgue-Maß auf $\mathbf{R}^p$, wird durch folgenden Satz erschlossen:

12.3 Satz. *Sei $\mathfrak{A} \subset \mathfrak{K}(E)$ ein bezüglich endlicher Durchschnitte stabiles System kompakter Teilmengen von E derart, daß jedes $K \in \mathfrak{K}$ in einer Menge $A \in \mathfrak{A}$ enthalten ist. Sei ferner $(\nu_A)_{A \in \mathfrak{A}}$ eine Familie von Maßen $\nu_A \in \mathcal{M}_+(A)$ mit der Eigenschaft, daß für alle $A_1, A_2 \in \mathfrak{A}$ mit $A_1 \subset A_2$*

$$(12.3) \qquad (\nu_{A_2})_{A_1} = \nu_{A_1}$$

gilt. Dann existiert genau ein Maß μ auf E mit

$$(12.4) \qquad \mu_A = \nu_A \qquad \text{für alle } A \in \mathfrak{A}.$$

Für jedes $K \in \mathfrak{K}$ ist dabei $\mu_K = (\nu_A)_K$ für jede Wahl einer Menge $A \in \mathfrak{A}$ mit *$K \subset A$.*

Beweis. Sei $K \in \mathfrak{K}$ und seien $A_1, A_2 \in \mathfrak{A}$ mit $K \subset A_1$ und $K \subset A_2$. Dann ist $A_1 \cap A_2 \in \mathfrak{A}$ und $K \subset A_1 \cap A_2$. Anwendung von (12.3) und 11.6 liefert daher für $i = 1, 2$

$$(\nu_{A_i})_K = \big((\nu_{A_i})_{A_1 \cap A_2}\big)_K = (\nu_{A_1 \cap A_2})_K .$$

Somit ist $\mu_K := (\nu_A)_K$ für jedes $K \in \mathfrak{K}$ ein von der speziellen Wahl von $A \in \mathfrak{A}$ mit $K \subset A$ unabhängiges Maß auf K. Die Verträglichkeitsbedingung (12.1) ist für je zwei kompakte Mengen K_1, K_2 mit $K_1 \subset K_2$ erfüllt. Nach 11.6 gilt nämlich bei beliebiger Wahl von $A \in \mathfrak{A}$ mit $K_2 \subset A$

$$(\mu_{K_2})_{K_1} = \big((\nu_A)_{K_2}\big)_{K_1} = (\nu_A)_{K_1} = \mu_{K_1} .$$

Somit ist $\mu := (\mu_K)_{K \in \mathfrak{K}}$ ein Maß auf E, welches offenbar die Bedingung (12.4) erfüllt und hierdurch eindeutig bestimmt ist. □

12.4 Beispiel. Sei $\mathfrak{Q}$ das (bezüglich endlicher Durchschnitte stabile) System aller kompakten Quader im $\mathbf{R}^p$. Dann erfüllt die Familie $(\lambda_Q)_{Q \in \mathfrak{Q}}$ der Lebesgue-Maße nach (11.4) die Bedingung (12.3), bestimmt also nach Satz 12.3 eindeutig ein Maß auf $\mathbf{R}^p$. Dieses heißt das *Lebesgue-Maß auf* $\mathbf{R}^p$ und wird fortan mit λ^p bezeichnet.

Das folgende Lemma dient der Vorbereitung des Integralbegriffs auf einem beliebigen metrischen Raum E. Fortan sei $\mu = (\mu_K)_{K \in \mathfrak{K}}$ ein Maß auf E.

12.5 Lemma. *Für je zwei kompakte Mengen K_1, K_2 in E mit $K_1 \subset K_2$ und für jede auf einer Obermenge von K_2 definierte numerische Funktion f gilt:*

1. *Aus $f(x) \geqq 0$ für alle $x \in K_2 \setminus K_1$ folgt*

$$\int_{K_1}^{*} f\, d\mu_{K_1} \leqq \int_{K_2}^{*} f\, d\mu_{K_2}.$$

2. *Aus $f(x) = 0$ für alle $x \in K_2 \setminus K_1$ folgt*

$$\int_{K_1}^{*} f\, d\mu_{K_1} = \int_{K_2}^{*} f\, d\mu_{K_2}.$$

Ist überdies f über K_1 μ_{K_1}-integrierbar, so ist f auch über K_2 μ_{K_2}-integrierbar und

$$\int_{K_1} f\, d\mu_{K_1} = \int_{K_2} f\, d\mu_{K_2}.$$

Beweis. Wegen $\mu_{K_1} = (\mu_{K_2})_{K_1}$ gilt gemäß Satz 11.4

$$\int_{K_1}^{*} f\, d\mu_{K_1} = \int_{K_1}^{*} f\, d\mu_{K_2} = \int^{*} f_{K_1}^{K_2}\, d\mu_{K_2}.$$

Aus $f(x) \geqq 0$ bzw. $f(x) = 0$ auf $K_2 \setminus K_1$ folgt $f_{K_1}^{K_2} \leqq f_{K_2}^{K_2}$ bzw. $f_{K_1}^{K_2} = f_{K_2}^{K_2}$ und somit

$$\int^{*} f_{K_1}^{K_2}\, d\mu_{K_2} \leqq \int^{*} f_{K_2}^{K_2}\, d\mu_{K_2} = \int_{K_2}^{*} f\, d\mu_{K_2}$$

bzw.

$$\int^{*} f_{K_1}^{K_2}\, d\mu_{K_2} = \int^{*} f_{K_2}^{K_2}\, d\mu_{K_2} = \int_{K_2}^{*} f\, d\mu_{K_2}.$$

Hieraus ergeben sich die erste Behauptung und der erste Teil der zweiten Behauptung. Nach Definition der Integrierbarkeit und des Integrals folgt aus letzterem der Rest der Behauptung. □

Ist A eine Teilmenge von E und wählt man für f deren Indikatorfunktion, so folgt hieraus:

12.6 Lemma. *Für je zwei kompakte Mengen $K_1 \subset K_2$ in E und jede Teilmenge A von E gilt*

$$\mu^*_{K_1}(A \cap K_1) \leqq \mu^*_{K_2}(A \cap K_2). \tag{12.5}$$

Im Fall $A \subset K_1$ gilt dabei sogar das Gleichheitszeichen.

Nun werde für einen Augenblick ein kompakter metrischer Raum E betrachtet. Dann gilt gemäß 12.5

$$\int^* f\,d\mu = \int^*_E f\,d\mu_E = \sup_{K \in \mathfrak{K}} \int^*_K f\,d\mu_K,$$

falls $f \geqq 0$ ist. Dies zeigt, daß die folgende Definition im Einklang mit der bisherigen Definition des Oberintegrals (für positive Funktionen) steht.

12.7 Definition. *Für jede numerische Funktion $f \geqq 0$ auf E heiße die in $\overline{\mathbf{R}}_+ = [0, +\infty]$ gelegene Zahl*

$$\int^* f\,d\mu := \sup_{K \in \mathfrak{K}} \int^*_K f\,d\mu_K \tag{12.6}$$

das Oberintegral von f bezüglich μ.

Seine Eigenschaften lassen sich sofort aus denen im kompakten Fall (Satz 5.2) ableiten:

12.8 Satz. *Für je zwei numerische Funktionen $f \geqq 0$ und $g \geqq 0$ auf E gilt:*

$$\int^* (f+g)\,d\mu \leqq \int^* f\,d\mu + \int^* g\,d\mu \qquad \textit{(Subadditivität)}, \tag{12.7}$$

$$\int^* \alpha f\,d\mu = \alpha \int^* f\,d\mu \qquad \textit{für } \alpha \in \mathbf{R}_+ \qquad \textit{(positive Homogenität)}, \tag{12.8}$$

$$f \leqq g \;\Rightarrow\; \int^* f\,d\mu \leqq \int^* g\,d\mu \qquad \textit{(Isotonie)}. \tag{12.9}$$

Im Gegensatz zu (5.1) ist die Definition (12.6) nur für Funktionen $f \geqq 0$ sinnvoll, da z.B. für Funktionen $f \leqq 0$ gilt

$$\sup_{K \in \mathfrak{K}} \int^*_K f\,d\mu_K = \int^*_\emptyset f\,d\mu_\emptyset = 0.$$

Wegen 12.5 (1) genügt es, in (12.6) die Supremumsbildung über die Mengen eines Systems $\mathfrak{L} \subset \mathfrak{K}$ zu erstrecken, wenn jede Menge $K \in \mathfrak{K}$ in einer Menge $L \in \mathfrak{L}$ enthalten ist. Beispielsweise kann für $E = \mathbf{R}^p$ das System $\mathfrak{Q}$ aller kompakten Quader im $\mathbf{R}^p$ die Rolle von $\mathfrak{L}$ übernehmen.

Auch für die Einführung des Integralbegriffs orientieren wir uns zunächst am Spezialfall eines kompakten metrischen Raumes E. Eine Funktion $f: E \to \bar{\mathbf{R}}$ ist wegen 10.6 genau dann μ-integrierbar, wenn sie über jedes $K \in \mathfrak{K}$ μ_K-integrierbar ist. Für integrierbares f ist auch $|f|$ integrierbar und somit $\int^* |f| \, d\mu < \infty$.

12.9 Definition. *Eine numerische Funktion $f: E \to \bar{\mathbf{R}}$ heiße kompakt (μ-)integrierbar, wenn sie über jede kompakte Menge $K \subset E$ μ_K-integrierbar ist. Sie heiße (μ-)integrierbar, wenn sie kompakt (μ-)integrierbar ist und wenn*

$$\int^* |f| \, d\mu < \infty$$

gilt.

Die Menge aller reellen μ-integrierbaren Funktionen werde mit $\mathscr{L}^1(\mu)$ bezeichnet.

Definition und Bezeichnung stehen auf Grund der Vorbemerkung im Einklang mit den entsprechenden Vereinbarungen im kompakten Fall.

Bei der Berechnung des Oberintegrals haben wir bemerkt, daß man sich auf Integrale über Mengen eines Systems $\mathfrak{L} \subset \mathfrak{K}$ beschränken kann, sofern jede Menge $K \in \mathfrak{K}$ in einer Menge $L \in \mathfrak{L}$ enthalten ist. Entsprechend braucht man zum Nachweis der kompakten Integrierbarkeit einer numerischen Funktion f nur zu zeigen, daß f über jede Menge $L \in \mathfrak{L}$ μ_L-integrierbar ist. Ist nämlich K eine beliebige kompakte Teilmenge von E, so wähle man eine Menge $L \in \mathfrak{L}$ mit $K \subset L$. Dann ist f über L und somit gemäß Satz 10.6 auch über K μ_L-integrierbar. Hieraus folgt die μ_K-Integrierbarkeit von f über K nach 11.5.

Beispielsweise kann man im Falle $E = \mathbf{R}^p$ für $\mathfrak{L}$ das System $\mathfrak{Q}$ aller kompakten Quader im $\mathbf{R}^p$ wählen.

12.10 Satz. *Eine numerische Funktion f auf E ist genau dann integrierbar, wenn f^+ und f^- integrierbar sind.*

Beweis. Nach Satz 5.14 ist f genau dann kompakt integrierbar, wenn f^+ und f^- kompakt integrierbar sind. Die Behauptung folgt daher aus den Ungleichungen

$$\left.\begin{array}{l}\int^* f^+\,d\mu\\ \int^* f^-\,d\mu\end{array}\right\}\leqq \int^* |f|\,d\mu \leqq \int^* f^+\,d\mu + \int^* f^-\,d\mu,$$

die sich mittels Subadditivität und Isotonie des Oberintegrals ergeben. □

Dieses Resultat ermöglicht nun auch die Definition des Integrals integrierbarer Funktionen:

12.11 Definition. *Für jede μ-integrierbare Funktion $f: E \to \overline{\mathbf{R}}$ heiße*

$$\int f(x)\,\mu(dx) := \int f\,d\mu := \int^* f^+\,d\mu - \int^* f^-\,d\mu \tag{12.10}$$

das Integral von f bezüglich μ.

Für positive integrierbare Funktionen ist $\int f\,d\mu = \int^* f\,d\mu$. Somit gilt für jede integrierbare Funktion f:

$$\int f\,d\mu = \int f^+\,d\mu - \int f^-\,d\mu. \tag{12.11}$$

Daß die obige Definition des Integrals mit der im kompakten Fall im Einklang steht, lehrt 5.14.

12.12 Beispiele. (1) Sei $a \in E$. Dann gilt für alle numerischen Funktionen $f \geqq 0$ auf E

$$\int^* f\,d\varepsilon_a = f(a),$$

wie aus 5.3 und der Definition des Oberintegrals folgt. Somit ist eine numerische Funktion $f: E \to \overline{\mathbf{R}}$ *genau dann ε_a-integrierbar, wenn $f(a) \in \mathbf{R}$ ist. In diesem Fall gilt*

$$\int f\,d\varepsilon_a = f(a). \tag{12.12}$$

(2) Sei μ ein diskretes Maß auf E, welches durch eine Gewichtsfunktion $\alpha: D \to \mathbf{R}_+$ mit diskreter Definitionsmenge $D \subset E$ definiert ist. Zur Vereinfachung werde zusätzlich vorausgesetzt, daß D höchstens abzählbar ist, daß also eine Bijektion $n \mapsto x_n$ von $I = \mathbf{N}$ bzw. $I = \{1, \ldots, n_0\}$ mit $n_0 \in \mathbf{N}$

auf D existiert. Im $\mathbf{R}^p$ ist diese Voraussetzung von selbst erfüllt, da in jeder Kugel um den Nullpunkt vom Radius n nur endlich viele Punkte einer diskreten Menge liegen.

Unter dieser Annahme gilt*

$$\int^* f\,d\mu = \sum_{n\in I} \alpha(x_n) f(x_n) \tag{12.13}$$

für jede numerische Funktion $f \geqq 0$ auf E. *Eine Funktion* $f: E \to \overline{\mathbf{R}}$ *ist genau dann* μ*-integrierbar, wenn die Reihe* $\sum_{n\in I} \alpha(x_n) f(x_n)$ *absolut konvergiert.* (Für eine endliche Menge I ist dies gleichbedeutend mit $f(x_n) \in \mathbf{R}$ für alle $n \in I$ mit $\alpha(x_n) > 0$.) Es gilt dann ferner

$$\int f\,d\mu = \sum_{n\in I} \alpha(x_n) f(x_n). \tag{12.14}$$

In der Tat: Nach Definition ist in $\mu = (\mu_K)_{K\in\mathfrak{K}}$ jedes μ_K ein diskretes Maß auf der kompakten Menge K. Gemäß 5.3 und 5.6, Beispiel (3) gilt daher

$$\int_K^* f\,d\mu_K = \sum_{x\in K\cap D} \alpha(x) f(x)$$

für jede numerische Funktion $f \geqq 0$. Durch Bildung des Supremums über alle $K \in \mathfrak{K}$ folgt (12.13) und hieraus der Rest der Behauptung nach Definition des Integrals.

(3) Eine Funktion $f \in \mathscr{H}^u(E) \cup \mathscr{H}^o(E)$ ist genau dann integrierbar, wenn $\int^* |f|\,d\mu < \infty$. Da mit f auch f^+ und f^- in $\mathscr{H}^u(E) \cup \mathscr{H}^o(E)$ liegen, genügt es, den Fall $f \geqq 0$ zu behandeln. Dann aber folgt $\int_K^* f\,d\mu_K \leqq \int^* f\,d\mu < \infty$ für alle $K \in \mathfrak{K}$, also ist f kompakt integrierbar gemäß Satz 5.5. Insbesondere ist jede beschränkte Funktion $f \in \mathscr{H}^u(E) \cup \mathscr{H}^o(E)$, welche außerhalb einer kompakten Menge K verschwindet, integrierbar. Gemäß 12.5 (2) ist dann nämlich

$$\int^* |f|\,d\mu = \int_K |f|\,d\mu_K < \infty.$$

* Ohne diese Zusatzannahme bleibt die Behauptung nahezu unverändert richtig. Man hat nur den Begriff der summierbaren bzw. absolut summierbaren Familien heranzuziehen, um $\sum_{x\in D} \alpha(x) f(x)$ einen Sinn zu geben.

Der folgende Satz faßt die wichtigsten Eigenschaften integrierbarer Funktionen und des Integrals zusammen. Er wird vorbereitet durch eine häufig benutzte Approximation des Integrals durch Integrale über kompakte Mengen.

12.13 Lemma. *Zu jeder integrierbaren Funktion $f: E \to \overline{\mathbf{R}}$ und zu jeder reellen Zahl $\varepsilon > 0$ gibt es eine kompakte Menge $K_\varepsilon \subset E$, so daß für alle $K \in \mathfrak{K}$ mit $K_\varepsilon \subset K$ gilt*

(12.15)
$$|\int f\,d\mu - \int_K f\,d\mu_K| < \varepsilon.$$

Beweis. Mit f sind auch f^+ und f^- integrierbar. Nach der Definition des Integrals genügt es daher, Funktionen $f \geqq 0$ zu betrachten. Für solche folgt aber die Behauptung sofort aus der ersten Aussage von Lemma 12.5 und der Gleichheit $\int f\,d\mu = \int^* f\,d\mu$. □

12.14 Satz. *Für je zwei integrierbare numerische Funktionen f und g auf E gilt:*

1. *Ist $f+g$ überall definiert, so ist $f+g$ integrierbar und*

(12.16)
$$\int (f+g)\,d\mu = \int f\,d\mu + \int g\,d\mu.$$

2. *Für jedes $\alpha \in \mathbf{R}$ ist αf integrierbar und*

(12.17)
$$\int \alpha f\,d\mu = \alpha \int f\,d\mu.$$

3.
$$f \leqq g \;\Rightarrow\; \int f\,d\mu \leqq \int g\,d\mu.$$

4. $\sup(f,g)$ *und* $\inf(f,g)$ *sind integrierbar.*

5. $|f|$ *ist integrierbar und*

(12.18)
$$|\int f\,d\mu| \leqq \int |f|\,d\mu.$$

6. *Für jede kompakt integrierbare und beschränkte Funktion $h: E \to \mathbf{R}$ ist fh integrierbar.*

7. *Ist $h: E \to \overline{\mathbf{R}}$ kompakt integrierbar und $|h| \leqq |f|$, so ist h integrierbar* (Majoranten-Kriterium).

Beweis. Aus 5.7, 5.12, 5.13 und 5.15 folgt die kompakte Integrierbarkeit der Funktionen in (1), (2) sowie (4)–(6). Die Oberintegrale der Absolutbeträge der in (1), (2) sowie

(4)–(7) auftretenden Funktionen werden durch $\int^*|f|\,d\mu + \int^*|g|\,d\mu$ oder ein positives reelles Vielfaches von $\int^*|f|\,d\mu$ majorisiert und sind somit endlich. Alle in (1), (2) sowie (4)–(7) auftretenden Funktionen sind daher integrierbar. Die Isotonie-Eigenschaft (3) sowie die Formeln (12.16) bis (12.18) folgen aus den entsprechenden Eigenschaften im kompakten Fall mit Hilfe von Lemma 12.13. □

Nunmehr ergibt sich sofort:

12.15 Korollar. *Die Menge $\mathscr{L}^1(\mu)$ der reellen μ-integrierbaren Funktionen ist (bezüglich der üblichen Operationen) ein Vektorraum. Die auf ihm definierte Abbildung $f \mapsto \int f\,d\mu$ ist eine positive Linearform.*

§ 13 Meßbare und integrierbare Mengen

In diesem Abschnitt sollen die Ergebnisse von § 9 auf die neue Situation übertragen werden. Die Motivation ist dabei unverändert: es soll gewissen Teilmengen A des metrischen Raumes E eine Maßzahl bezüglich des gegebenen Maßes $\mu = (\mu_K)_{K \in \mathfrak{K}}$ auf E zugeordnet werden.

In Analogie zur Definition 9.1 liegt es nahe, eine Menge A mit kompakt integrierbarer Indikatorfunktion selbst kompakt integrierbar zu nennen. Dies ist jedoch nicht üblich. Der jetzt einzuführende Name für diese Eigenschaft wird seine Begründung in einem Integrabilitätskriterium des Paragraphen 16 finden. Im übrigen orientieren wir uns an § 9.

13.1 Definition. *Für jede Teilmenge $A \subset E$ heiße*

$$\mu^*(A) = \int^* 1_A\,d\mu \tag{13.1}$$

ihr äußeres (μ-)Maß. A heiße (μ-)meßbar bzw. (μ-)integrierbar, wenn die Indikatorfunktion 1_A kompakt (μ-)integrierbar bzw. (μ-)integrierbar ist. Für eine (μ-)integrierbare Menge $A \subset E$ heiße

(13.2) $$\mu(A) = \mu^*(A) = \int 1_A \, d\mu$$

das (μ-)*Maß von* A.

Offenbar ist A *genau dann* μ-*meßbar, wenn* $A \cap K$ μ_K-*integrierbar* ist für alle $K \in \mathfrak{K}$.

Nach Definition gilt für $A \subset E$

$$\mu^*(A) = \sup_{K \in \mathfrak{K}} \int^* 1_A \, d\mu_K = \sup_{K \in \mathfrak{K}} \int^* 1_{A \cap K} \, d\mu_K,$$

also

(13.3) $$\mu^*(A) = \sup_{K \in \mathfrak{K}} \mu_K^*(A \cap K).$$

Dabei ist nach (12.5) die Abbildung $K \mapsto \mu_K^*(A \cap K)$ isoton auf $\mathfrak{K}$. Für relativ kompakte Mengen A, also solche mit kompaktem Abschluß, vereinfacht sich diese Formel wesentlich. Dann gilt nämlich für jedes $K \in \mathfrak{K}$

(13.4) $$A \subset K \Rightarrow \mu^*(A) = \mu_K^*(A).$$

Dies folgt aus Lemma 12.6.

Für kompakte Räume E stimmen die eingeführten Begriffsbildungen und Bezeichnungen mit denen aus § 9 überein. In diesem Fall sind die meßbaren Mengen genau die integrierbaren. Daß dies für einen beliebigen metrischen Raum nicht mehr richtig ist, wird sich sogleich ergeben.

Zunächst lassen sich wichtige Typen meßbarer Mengen aufzeigen:

13.2 Satz. *Alle abgeschlossenen sowie alle offenen Teilmengen von E sind meßbar. Alle kompakten Teilmengen sind sogar integrierbar.*

Beweis. Für abgeschlossenes $A \subset E$ und jedes $K \in \mathfrak{K}$ ist die Menge $A \cap K$ kompakt, also nach 9.4 μ_K-integrierbar. Somit ist A meßbar. Für offenes A und $K \in \mathfrak{K}$ ist $K \setminus A$ kompakt, also $K \setminus A$ und damit nach 9.10 auch $A \cap K = K \setminus (K \setminus A)$ μ_K-integrierbar. Dies bedeutet abermals die Meßbarkeit von A. Kompakte Mengen A sind abgeschlossen und damit meßbar. Nach (13.4) gilt

$$\mu^*(A) = \mu_A^*(A) < +\infty.$$

Daher ist A integrierbar. □

Allgemein ist *eine meßbare Menge A genau dann integrierbar, wenn*

$$\mu^*(A) < \infty$$

ist. Dies ist eine unmittelbare Folgerung aus der Definition 13.1. Nach dem vorausgehenden Satz ist der Gesamtraum E stets meßbar; gilt also $\mu^*(E) = \infty$, so ist E ein Beispiel einer meßbaren, aber nicht integrierbaren Menge. Wegen der Isotonie des Oberintegrals in (13.1) heißt dies in anderer Formulierung: *Genau dann fallen meßbare und integrierbare Teilmengen von E zusammen, wenn das äußere Maß von E endlich ist.*

13.3 Beispiele. (1) Jede Teilmenge A von E ist nach 12.12, Beispiel (1) ε_a-integrierbar, und es gilt

$$\varepsilon_a(A) = 1_A(a) = \begin{cases} 1, & a \in A \\ 0, & a \notin A \end{cases}.$$

Hierbei bezeichnet a einen beliebigen Punkt von E.

(2) Für jede Menge $A \subset \mathbf{R}^p$ gilt die (13.3) verschärfende Gleichheit

$$(13.5) \qquad (\lambda^p)^*(A) = \sup_{Q \in \mathfrak{Q}} \lambda_Q^*(A \cap Q),$$

wenn dabei $\mathfrak{Q}$ die Menge aller kompakten Quader im $\mathbf{R}^p$ bezeichnet. Ist speziell A relativ-kompakt, d.h. im $\mathbf{R}^p$ beschränkt, so gilt gemäß (13.4)

$$(13.6) \qquad (\lambda^p)^*(A) = \lambda_Q^*(A)$$

für jeden Quader Q mit $A \subset Q$. Dies folgt aus dem im Anschluß an Satz 12.8 Bemerkten.

Speziell gilt $(\lambda^p)^*(A) < \infty$ für jede beschränkte Menge $A \subset \mathbf{R}^p$ und $(\lambda^p)^*(\mathbf{R}^p) = \infty$. Aus 9.3, Beispiel 3 folgt wegen 13.2, daß jeder kompakte Quader $Q = \prod_{i=1}^{p} [a_i, b_i]$ λ^p-integrierbar und sein Maß durch

$$\lambda^p(Q) = \prod_{i=1}^{p} (b_i - a_i)$$

gegeben ist.

(3) Eine Menge $A \subset \mathbf{R}^p$ ist *genau dann λ^p-meßbar, wenn $A \cap Q$ für jeden kompakten Quader Q λ_Q-integrierbar* ist. Dies folgt aus dem im Anschluß an 12.9 Bemerkten, angewandt auf die Indikatorfunktion von A bezüglich $\mathbf{R}^p$.

Beispielsweise ist jedes Produkt $A = \prod_{k=1}^{p} J_k$ beliebiger Intervalle J_k in $\mathbf{R}$ λ^p-meßbar. Da jeder kompakte Quader Q im $\mathbf{R}^p$ ein Produkt $Q = \prod_{k=1}^{p} I_k$ kompakter Intervalle $I_1, \ldots, I_p$ ist, ist nämlich

$$A \cap Q = \prod_{k=1}^{p} J_k \cap I_k = \prod_{k=1}^{p} J'_k$$

ein Produkt von Intervallen $J'_k := J_k \cap I_k$, $k = 1, \ldots, p$. Nach 9.3, Beispiel (2) ist jedes der Intervalle J'_k λ_{I_k}-integrierbar, also $A \cap Q$ λ_Q-integrierbar gemäß 9.3, Beispiel (4).

Nach diesem Beispiel gilt weiter

$$\lambda_Q(A \cap Q) = \prod_{k=1}^{p} \lambda_{I_k}(J'_k) = \prod_{k=1}^{p} \lambda^1(J_k \cap I_k),$$

wobei $\lambda^1(J_k \cap I_k)$ die Länge des (eventuell leeren) beschränkten Intervalls $J_k \cap I_k$ ist. Berücksichtigt man noch (13.5), so folgt hieraus:

Ein Produkt A nicht leerer Intervalle $J_k \subset \mathbf{R}$, $k = 1, \ldots, p$, ist genau dann λ^p-integrierbar, wenn alle J_k beschränkt sind oder eines dieser Intervalle einpunktig ist. Im ersten Fall gilt gemäß (13.6)

$$\lambda^p(A) = \prod_{k=1}^{p} \lambda^1(J_k),$$

im zweiten Fall ist $\lambda^p(A) = 0$.

Das äußere Maß verhält sich wie im kompakten Fall, d.h. es ist *isoton* und *σ-subadditiv:*

13.4 Satz. *Für je zwei Teilmengen $A, B \subset E$ sowie für jede Folge $(A_n)_{n \in \mathbf{N}}$ von Teilmengen von E gilt:*

$$A \subset B \Rightarrow \mu^*(A) \leqq \mu^*(B); \tag{13.7}$$

$$\mu^*\left(\bigcup_{n=1}^{\infty} A_n\right) \leqq \sum_{n=1}^{\infty} \mu^*(A_n). \tag{13.8}$$

Beweis. Für jedes $K \in \mathfrak{K}$ kennen wir von μ_K^* die entsprechenden Eigenschaften (9.12) und (9.14). Hieraus folgt die Behauptung vermöge (13.3). Dabei ergibt sich (13.8) durch folgende für jedes $K \in \mathfrak{K}$ gültige Zwischenrechnung:

$$\mu_K^*\left(\left(\bigcup_{n=1}^{\infty} A_n\right) \cap K\right) = \mu_K^*\left(\bigcup_{n=1}^{\infty} (A_n \cap K)\right) \leqq \sum_{n=1}^{\infty} \mu_K^*(A_n \cap K)$$
$$\leqq \sum_{n=1}^{\infty} \mu^*(A_n). \quad \square$$

Analog zu 9.10 gilt für die meßbaren Teilmengen von E:

13.5 Satz. *Das System $\mathfrak{A}(\mu)$ aller μ-meßbaren Teilmengen von E besitzt folgende Eigenschaften:*

$$\emptyset \in \mathfrak{A}(\mu); \tag{13.9}$$

$$A \in \mathfrak{A}(\mu) \Rightarrow \complement A \in \mathfrak{A}(\mu); \tag{13.10}$$

(13.11) *mit jeder Folge liegt auch deren Vereinigung in $\mathfrak{A}(\mu)$.*

Insbesondere liegen in $\mathfrak{A}(\mu)$: der Grundraum E, der Durchschnitt einer jeden Folge in $\mathfrak{A}(\mu)$ und die Differenz $A \setminus B$ je zweier Mengen $A, B \in \mathfrak{A}(\mu)$.

Beweis. Die leere Menge ist nach 13.2 meßbar. Wegen

$$\complement A \cap K = K \setminus A = K \setminus A \cap K$$

und

$$\left(\bigcup_{n=1}^{\infty} A_n\right) \cap K = \bigcup_{n=1}^{\infty} (A_n \cap K)$$

folgen (13.10) und (13.11) aus den in 9.10 angegebenen entsprechenden Eigenschaften für den kompakten Raum $K \in \mathfrak{K}$

und das Maß μ_K auf K. Durch Kombination der bewiesenen drei Eigenschaften folgt der Rest der Behauptung:

$$E = \complement\emptyset, \bigcap A_n = \complement\bigcup(\complement A_n), \; A\setminus B = A \cap \complement B. \quad \square$$

Über das Verhalten integrierbarer Mengen erhalten wir hieraus:

13.6 Korollar. *Mit je zwei integrierbaren Mengen A und $B \subset E$ sind auch die Mengen $A \cup B$, $A \cap B$ und $A\setminus B$ integrierbar. Es gilt:*

$$\mu(A \cup B) + \mu(A \cap B) = \mu(A) + \mu(B); \tag{13.12}$$

$$A \cap B = \emptyset \;\Rightarrow\; \mu(A \cup B) = \mu(A) + \mu(B); \tag{13.13}$$

$$\mu(A\setminus B) = \mu(A) - \mu(A \cap B). \tag{13.14}$$

Die Vereinigung einer Folge $(A_n)_{n\in\mathbf{N}}$ integrierbarer Mengen ist genau dann integrierbar, wenn $\mu^*\left(\bigcup_{n=1}^{\infty} A_n\right) < \infty$ ist. Es gilt dann

$$\mu\left(\bigcup_{n=1}^{\infty} A_n\right) \leqq \sum_{n=1}^{\infty} \mu(A_n), \tag{13.15}$$

wobei im Fall paarweise fremder Mengen das Gleichheitszeichen steht.

Beweis. Mit A und B sind auch $A \cup B$, $A \cap B$ und $A\setminus B$ integrierbar, da diese Mengen meßbar sind und gemäß 13.4 ein endliches äußeres Maß besitzen. Aus (13.11) folgt die Kennzeichnung der Folgen integrierbarer Mengen mit integrierbarer Vereinigung sowie aus (13.8) die Ungleichung (13.15). Wie in 9.10 folgen aus (13.12) die Eigenschaften (13.13) und (13.14). Für jedes $K \in \mathfrak{K}$ gilt aber gemäß (9.16)

$$\mu_K(K \cap (A \cup B)) + \mu_K(K \cap (A \cap B)) = \mu_K(K \cap A) + \mu_K(K \cap B).$$

Wegen (13.3) und (12.5) folgt dann hieraus die noch zu beweisende Gleichheit (13.12). Die Gleichheit in (13.15) für paarweise fremde Mengen A_n ergibt sich vermöge (13.13) aus der für jedes $k \in \mathbf{N}$ gültigen Ungleichung

$$\sum_{n=1}^{k} \mu(A_n) = \mu\left(\bigcup_{n=1}^{k} A_n\right) \leqq \mu\left(\bigcup_{n=1}^{\infty} A_n\right),$$

woraus die zu (13.15) duale Ungleichung folgt. □

13.7 Bemerkung. Setzt man in 13.6 nur voraus, daß die Mengen A, B und A_n meßbar sowie die A_n paarweise fremd sind, so gelten die (13.12), (13.13) und (13.15) entsprechenden Gleichheiten, wenn man μ durch μ^* ersetzt. Insbesondere ist *μ^* σ-additiv auf* $\mathfrak{A}(\mu)$. Dies folgt aus 13.6, wenn man berücksichtigt, daß eine jede meßbare Menge A entweder integrierbar ist oder das äußere Maß $\mu^*(A) = \infty$ besitzt.

§ 14 Nullmengen und Integration über Teilmengen

Gegeben sei wieder ein Maß $\mu = (\mu_K)_{K \in \mathfrak{K}}$ auf einem metrischen Raum E. In Übereinstimmung mit dem kompakten Fall definieren wir:

14.1 Definition. *Mengen $A \subset E$ mit $\mu^*(A) = 0$ heißen (μ-) Nullmengen.*

Wegen der Isotonie des äußeren Maßes sind Nullmengen zunächst meßbar und damit auch integrierbar mit dem Maß Null. Aus 13.4 folgt:

(14.1) *Jede Teilmenge einer Nullmenge ist selbst eine Nullmenge.*

(14.2) *Die Vereinigung einer jeden Folge von Nullmengen ist selbst eine Nullmenge.*

14.2 Beispiele. (1) Jede abzählbare Teilmenge des $\mathbf{R}^p$, wie etwa die Menge aller $x \in \mathbf{R}^p$ mit lauter rationalen Koordinaten, ist eine λ^p-Nullmenge. Dies folgt aus 13.3, Beispiel (2), da jede einpunktige Teilmenge ein kompakter Quader vom λ^p-Maß Null ist.

(2) Jede achsenparallele Hyperebene H ist eine λ^p-Nullmenge. H ist nämlich von der Form $H = \prod_{i=1}^{p} J_i$, wobei jedes J_i mit

einer Ausnahme gleich **R** und für den Ausnahme-Index i_0 die Menge J_{i_0} ein einpunktiges Intervall in **R** ist. Die Behauptung folgt daher aus 13.3, Beispiel (3).

Nun kann man die Definition 10.1 zur Einführung der Sprechweise von (μ-) *fast überall* bestehenden Eigenschaften wörtlich wiederholen. Es ergeben sich dann sofort die folgenden Übertragungen der Sätze 10.2 und 10.3:

14.3 Satz. *Für jede numerische Funktion f auf E gilt:*

1. *Verschwindet f fast überall, so ist f integrierbar und* $\int f\,d\mu = 0$.

2. *Ist $f \geqq 0$ und $\int^* f\,d\mu = 0$, so verschwindet f fast überall.*

3. *Ist $f \geqq 0$ und ist $g \geqq 0$ eine numerische Funktion auf E, welche fast überall gleich f ist, so besitzen f und g dasselbe Oberintegral.*

Beweis. (1) Da f in Positiv- und Negativteil zerlegt werden kann, können wir $f \geqq 0$ voraussetzen. Wegen $\mu(\{f>0\}) = 0$ ist $K \cap \{f>0\}$ für jedes $K \in \mathfrak{K}$ eine μ_K-Nullmenge. Gemäß 10.2 ist daher f über K μ_K-integrierbar und $\int_K f\,d\mu_K = 0$. Somit ist f kompakt integrierbar mit $\int^* f\,d\mu = 0$, also sogar integrierbar mit $\int f\,d\mu = 0$.

(2) Nach Annahme und Definition des Oberintegrals gilt $\int_K^* f\,d\mu_K = 0$ für alle $K \in \mathfrak{K}$. Also ist gemäß 10.2 $\{x \in K: f(x) > 0\} = K \cap \{f > 0\}$ eine μ_K-Nullmenge. Hieraus folgt $\mu^*(\{f>0\}) = \sup\limits_{K \in \mathfrak{K}} \mu_K(K \cap \{f>0\}) = 0$, d.h. $\{f>0\}$ ist eine μ-Nullmenge.

(3) Für jedes $K \in \mathfrak{K}$ ist $K \cap \{x \in E: f(x) \neq g(x)\} = \{x \in K: f(x) \neq g(x)\}$ eine μ_K-Nullmenge. Gemäß 10.2 (3) gilt daher $\int_K^* f\,d\mu_K = \int_K^* g\,d\mu_K$. Hieraus folgt die Behauptung durch Übergang zum Supremum über alle $K \in \mathfrak{K}$. □

14.4 Satz. *Für jede kompakt integrierbare Funktion $f: E \to \overline{\mathbf{R}}$ gilt:*

1. *f ist fast überall endlich.*

2. *Ist g eine numerische Funktion auf E, die fast überall gleich f ist, so ist auch g kompakt integrierbar. Ist f überdies integrierbar, so ist auch g intergrierbar und $\int g\,d\mu = \int f\,d\mu$.*

Beweis. (1) f ist über jedes $K \in \mathfrak{K}$ μ_K-integrierbar. Nach 10.3 ist somit f auf K μ_K-fast überall endlich, d.h. $K \cap \{|f| = \infty\}$ ist eine μ_K-Nullmenge. Da $K \in \mathfrak{K}$ beliebig ist, folgt hieraus $\mu^*(\{|f| = \infty\}) = 0$, also ist f μ-fast überall endlich auf E.

(2) Durch Anwendung von 10.3 auf jedes der Maße μ_K folgt, daß mit f auch g kompakt integrierbar ist. Zum Beweis der Schlußbehauptung kann dann nach Zerlegung in Positiv- und Negativteil $f \geqq 0$ und $g \geqq 0$ angenommen werden. Nach 14.3 gilt dann $\int^* f\,d\mu = \int^* g\,d\mu$. Da f integrierbar ist, folgt hieraus $\int^* g\,d\mu < \infty$, also die Integrierbarkeit von g, sowie $\int f\,d\mu = \int g\,d\mu$. □

Die in § 10 im Anschluß an obige Aussagen gemachten Bemerkungen führen nun auch hier zur Frage der Integration über Teilmengen. Wir definieren in Analogie zu 10.4:

14.5 Definition. *Sei $A \subset E$ und f eine auf einer Obermenge von A definierte numerische Funktion. f heiße über A kompakt (μ-)integrierbar bzw. (μ-)integrierbar, wenn die Funktion f_A kompakt (μ-)integrierbar bzw. (μ-)integrierbar ist. Im zweiten Fall setzt man*

$$\int_A f\,d\mu := \int f_A\,d\mu \tag{14.3}$$

und nennt diese Zahl das Integral von f über A (bezüglich μ).

Gilt $f(x) \geqq 0$ für alle $x \in A$, so heiße

$$\int_A^* f\,d\mu := \int^* f_A\,d\mu \tag{14.4}$$

das Oberintegral von f über A (bezüglich μ).

Offenbar gilt für jede Funktion f mit $f(x) \geqq 0$ für alle $x \in A$

$$\int_A^* f\,d\mu = \sup_{K \in \mathfrak{K}} \int_{A \cap K} f\,d\mu_K. \tag{14.5}$$

Für $A = E$ erhalten wir die bislang studierten globalen Begriffsbildungen Oberintegral und Integral zurück. Ferner gilt für jede Menge $A \subset E$

$$\mu^*(A) = \int_A^* 1\,d\mu.$$

Analog zu den Sätzen 10.6 und 10.8 gilt nunmehr:

14.6 Satz. 1. *Sei f über eine Menge $B \subset E$ integrierbar. Dann ist f auch über jede meßbare Menge $A \subset B$ integrierbar.*

2. *Sei N eine Nullmenge. Dann ist jede auf einer Obermenge von N definierte numerische Funktion f über N integrierbar und $\int_N f\,d\mu = 0$.*

Beweis. (1) Da A meßbar ist, ist die beschränkte Funktion 1_A kompakt integrierbar. Nach 12.14 (6) ist daher mit f_B auch $f_A = 1_A f_B$ integrierbar.

(2) Die Behauptung folgt aus 14.3, da f_N fast überall Null ist. □

Nun folgt nach der gleichen Schlußweise wie im kompakten Fall das Analogon zu 10.7, insbesondere also die folgende *Additivitätseigenschaft:* Seien A und B fremde meßbare Mengen. Jede über A und B integrierbare Funktion ist dann auch über $A \cup B$ integrierbar, und es gilt

$$\int_{A \cup B} f\,d\mu = \int_A f\,d\mu + \int_B f\,d\mu. \tag{14.6}$$

Die Übertragung von Satz 10.5 kann wörtlich erfolgen und daher dem Leser überlassen werden.

Für μ-meßbare Mengen A vergleichen wir nun die Integrierbarkeit von Funktionen über A bezüglich der Maße μ und μ_A. Dabei bezeichnet $\mu_A = (\mu_K)_{K \in \mathfrak{K}(A)}$ das in 12.2, Beispiel (5) eingeführte Maß, welches von μ auf A induziert wird. Für Funktionen $f \geqq 0$, die auf einer Obermenge von A definiert sind, gilt zunächst

$$B \subset A \;\Rightarrow\; \int_B^* f\,d\mu_B \leqq \int_A^* f\,d\mu_A, \tag{14.7}$$

wie unmittelbar aus der Definition des Oberintegrals für die Maße μ_A und μ_B folgt.

14.7 Satz. *Sei A eine μ-meßbare Menge und f eine auf einer Obermenge von A definierte numerische Funktion.*

1. *Ist $f(x) \geqq 0$ für alle $x \in A$, so gilt*

$$\int_A^* f\,d\mu = \int_A^* f\,d\mu_A. \tag{14.8}$$

2. *Genau dann ist f über A μ-integrierbar, wenn f über A μ_A-integrierbar ist. Im Falle der Integrierbarkeit gilt*

$$\int_A f\,d\mu = \int f\,d\mu_A. \tag{14.9}$$

Beweis. Es kann für beide Aussagen vorausgesetzt werden, daß der Definitionsbereich von f die Menge A und $f \geqq 0$ ist.

(1) Eine Teilaussage von (14.8) folgt sofort aus (14.7), nämlich die Ungleichung

$$\int_A^* f\,d\mu_A = \int_A^* f_A\,d\mu_A \leqq \int_E^* f_A\,d\mu_E = \int_A^* f\,d\mu.$$

(2) Zum Beweis der dualen Ungleichung sei zunächst vorausgesetzt, daß E kompakt ist. Zu der dann μ-integrierbaren Menge A existiert wegen der Regularitätseigenschaft (9.10) von μ eine isotone Folge (K_n) kompakter Teilmengen von A mit $\sup \mu(K_n) = \mu(A)$. Folglich ist $N := A \setminus \bigcup K_n$ eine μ-Nullmenge. Die obere Einhüllende g der isotonen Folge (f_{K_n}) ist μ-fast überall gleich f_A. Folglich gilt

$$\int^* f_A\,d\mu = \int^* g\,d\mu$$

gemäß 10.2. Nach dem Satz von B. Levi ist außerdem

$$\int^* g\,d\mu = \sup_{n \in \mathbf{N}} \int^* f_{K_n}\,d\mu.$$

Mit Hilfe von 11.4 und (14.7) erhält man so

$$\int_A^* f\,d\mu = \sup_{n \in \mathbf{N}} \int^* f_{K_n}\,d\mu = \sup_{n \in \mathbf{N}} \int_{K_n}^* f\,d\mu_{K_n} \leqq \int_A^* f\,d\mu_A.$$

Für kompaktes E ist damit (14.8) gezeigt.

(3) Der Beweisschritt (2) lehrt für kompaktes E außerdem, daß für μ_A-integrierbares f die Funktion f über A μ-integrierbar ist. Zunächst ist nämlich f über K_n μ_{K_n}-integrierbar und somit nach 11.5 μ-integrierbar über K_n für jedes $n \in \mathbf{N}$. Wegen der obigen Ungleichung

$$\sup_{n \in \mathbf{N}} \int^* f_{K_n}\,d\mu \leqq \int^* f\,d\mu_A < \infty$$

ist dann auch g nach dem Korollar 7.2 zum Satz von B. Levi

μ-integrierbar. Da g und f_A μ-fast überall gleich sind, ergibt sich die behauptete μ-Integrierbarkeit von f über A aus 10.3.

(4) Ist nun E ein beliebiger metrischer Raum und $K \in \mathfrak{K}(E)$, so kann man (14.8) nach dem bereits Bewiesenen auf den kompakten Raum K, das Maß μ_K und die μ_K-integrierbare Menge $A \cap K$ anwenden und erhält

$$\int_{A\cap K}^* f\,d\mu_K = \int_{A\cap K}^* f\,d\mu_{A\cap K}.$$

Man hat dabei nur zu beachten, daß wegen der Verträglichkeitsbedingung (12.1) $\mu_{A\cap K}$ auch das von μ_K auf $A \cap K$ induzierte Maß ist. Folglich ist wegen (14.7)

$$\begin{aligned}\int_A^* f\,d\mu &= \sup_{K\in\mathfrak{K}(E)} \int_K^* f_A\,d\mu_K = \sup_{K\in\mathfrak{K}(E)} \int_{A\cap K}^* f\,d\mu_K\\ &= \sup_{K\in\mathfrak{K}(E)} \int_{A\cap K}^* f\,d\mu_{A\cap K} \leqq \int_A^* f\,d\mu_A.\end{aligned}$$

Zusammen mit dem in (1) Gezeigten ergibt dies die allgemeine Gültigkeit von (14.8).

(5) Wir beweisen nun die zweite Aussage. Ist f über A μ-integrierbar, so ist f_A kompakt μ-integrierbar. Dann aber ist f_A insbesondere über jede kompakte Teilmenge K von A μ_K-integrierbar. Folglich ist f kompakt μ_A-integrierbar und wegen (14.8) μ_A-integrierbar.

Ist umgekehrt f μ_A-integrierbar, so ist f sogar über $A \cap K$ $\mu_{A\cap K}$-integrierbar für jedes $K \in \mathfrak{K}(E)$. f ist nämlich insbesondere über jede kompakte Teilmenge L von $A \cap K$ μ_L-integrierbar; gemäß (14.7) gilt außerdem

$$\int_{A\cap K}^* f\,d\mu_{A\cap K} \leqq \int_A f\,d\mu_A < \infty.$$

Angewandt auf den kompakten Raum K, das Maß μ_K und die μ_K-integrierbare Menge $A \cap K$ zeigt (3), daß f über $A \cap K$ und damit f_A über K μ_K-integrierbar ist. f_A ist also kompakt μ-integrierbar und wegen (14.8) μ-integrierbar.

Die Gleichheit (14.9) folgt aus (14.8). □

Man beachte, daß die Aussage (2) des vorangehenden Satzes

falsch wird, wenn man dort „integrierbar" durch „kompakt integrierbar" ersetzt, wie folgendes Beispiel zeigt: $E = \mathbf{R}$, $\mu = \lambda^1$, $A =]0, 1[$ und $f: x \mapsto \frac{1}{x}$.

Als unmittelbare Folgerung ergibt sich:

14.8 Korollar 1. *Eine numerische Funktion auf E ist genau dann kompakt μ-integrierbar, wenn sie über jede kompakte Teilmenge von E μ-integrierbar ist.*

Für Mengen $K \in \mathfrak{K}(E)$ und Funktionen $f \in \mathscr{C}(K)$ lehrt (14.9), daß

$$\mu_K(f) = \int f \, d\mu_K = \int_K f \, d\mu_K = \int_K f \, d\mu$$

gilt. Für den Fall eines kompakten metrischen Raumes E wurde das von μ auf K induzierte Maß gerade durch

$$\mu_K(f) = \int_K f \, d\mu \qquad (f \in \mathscr{C}(K))$$

definiert. (14.9) zeigt also, daß diese Formel allgemein gilt.

Angewandt auf Indikatorfunktionen liefert Korollar 1:

14.9 Korollar 2. *Eine Teilmenge von E ist genau dann μ-meßbar, wenn ihr Durchschnitt mit jeder kompakten Teilmenge von E μ-integrierbar ist.*

Im Falle eines kompakten metrischen Raumes E zeigt die Regularitätseigenschaft (9.10), daß sich das Maß einer jeden meßbaren (d.h. integrierbaren) Menge A durch das Maß der kompakten Teilmengen von A approximieren läßt. Entsprechend gilt nun allgemein

14.10 Korollar 3. *Für jede meßbare Teilmenge A von E ist*

$$\mu^*(A) = \sup\{\mu(K) : K \subset A, \, K \text{ kompakt}\}.$$

Beweis. Für $L \in \mathfrak{K}(E)$ ist $A \cap L$ μ-integrierbar. Daher liefert 14.7, angewandt auf die über L und A μ-integrierbare Indikatorfunktion dieser Menge

$$\mu_L(A \cap L) = \mu(A \cap L) = \mu_A(A \cap L) = \sup_{K \in \mathfrak{K}(A)} \mu_K(A \cap L \cap K)$$
$$\leqq \sup_{K \in \mathfrak{K}(A)} \mu_K(K) = \sup_{K \in \mathfrak{K}(A)} \mu(K)$$

und somit

$$\mu^*(A) = \sup_{L \in \mathfrak{K}(E)} \mu_L(A \cap L) \leqq \sup_{K \in \mathfrak{K}(A)} \mu(K) \leqq \mu^*(A). \quad \square$$

§ 15 Konvergenzsätze – Parameter-abhängige Integrale

Im folgenden soll gezeigt werden, daß die grundlegenden Konvergenzsätze aus § 7 auch für ein Maß $\mu = (\mu_K)_{K \in \mathfrak{K}}$ auf einem beliebigen metrischen Raum E gelten.

Zunächst beweisen wir den *Konvergenzsatz von Beppo Levi:*

15.1 Satz (von der monotonen Konvergenz). *Für jede isotone Folge $(f_n)_{n \in \mathbf{N}}$ numerischer Funktionen auf E gilt:*

1. *Ist $f_n \geqq 0$ für alle $n \in \mathbf{N}$, so ist*

(15.1) $$\int^* \sup_{n \in \mathbf{N}} f_n \, d\mu = \sup_{n \in \mathbf{N}} \int^* f_n \, d\mu .$$

2. *Sind alle Funktionen f_n integrierbar, so ist $\sup\limits_{n \in \mathbf{N}} f_n$ genau dann integrierbar, wenn $\sup\limits_{n \in \mathbf{N}} \int f_n \, d\mu < \infty$ gilt. Es gilt dann*

(15.2) $$\int \sup_{n \in \mathbf{N}} f_n \, d\mu = \sup_{n \in \mathbf{N}} \int f_n \, d\mu .$$

Beweis. Es bezeichne f die obere Einhüllende der Folge (f_n). Nach dem Satz von B. Levi für kompakte metrische Räume gilt

$$\int_K^* f \, d\mu_K = \sup_{n \in \mathbf{N}} \int_K^* f_n \, d\mu_K$$

für jedes $K \in \mathfrak{K}$ und somit

$$\int^* f \, d\mu = \sup_{K \in \mathfrak{K}} \sup_{n \in \mathbf{N}} \int_K^* f_n \, d\mu_K = \sup_{n \in \mathbf{N}} \sup_{K \in \mathfrak{K}} \int_K^* f_n \, d\mu_K = \sup_{n \in \mathbf{N}} \int^* f_n \, d\mu .$$

Damit ist (15.1) bewiesen. Zum Beweis der zweiten Behauptung werde $\sup \int f_n \, d\mu < \infty$ und zunächst $f_1 \geqq 0$ (also $f_n \geqq 0$

für alle $n \in \mathbf{N}$) vorausgesetzt. Wegen

$$\sup_{n \in \mathbf{N}} \int_K f_n \, d\mu_K \leqq \sup_{n \in \mathbf{N}} \int f_n \, d\mu < \infty$$

ist die Funktion f gemäß 7.2 über jedes $K \in \mathfrak{K}$ μ_K-integrierbar, also kompakt integrierbar. Nach (1) ist sie sogar μ-integrierbar, da $\int^* f \, d\mu = \sup \int f_n \, d\mu < \infty$ ist. In diesem Fall geht (15.1) in die Gleichheit (15.2) über.

Ist f_1 beliebig, so kann diese Funktion reellwertig vorausgesetzt werden. Dies lehrt 14.4. In der Tat: $N := \{|f_1| = \infty\}$ ist nämlich eine Nullmenge, und man hat nur jede Funktion f_n durch $(f_n)_{E \setminus N}$ zu ersetzen. Jede dieser Funktionen ist integrierbar und hat dasselbe Integral wie f_n; die obere Einhüllende der so abgeänderten wiederum isotonen Folge ist $f_{E \setminus N}$ und somit fast überall gleich f.

Ist aber f_1 eine reelle Funktion, so ist $(f_n - f_1)_{n \in \mathbf{N}}$ eine isotone Folge integrierbarer Funktionen $\geqq 0$ mit $f - f_1$ als oberer Einhüllenden; es gilt

$$\sup_{n \in \mathbf{N}} \int (f_n - f_1) \, d\mu = \sup_{n \in \mathbf{N}} \int f_n \, d\mu - \int f_1 \, d\mu < \infty .$$

Nach dem bereits Bewiesenen ist also $f - f_1$ und damit auch $f = (f - f_1) + f_1$ integrierbar. Ferner folgt aus (15.1)

$$\int f \, d\mu - \int f_1 \, d\mu = \int (f - f_1) \, d\mu = \sup_{n \in \mathbf{N}} \int (f_n - f_1) \, d\mu$$

und hieraus (15.2). Schließlich folgt umgekehrt aus der Integrierbarkeit von f und aus der Isotonie des Integrals sofort

$$\sup_{n \in \mathbf{N}} \int f_n \, d\mu \leqq \int f \, d\mu < \infty ,$$

also die genannte Bedingung. □

15.2 Korollar 1. *Für jede isotone Folge $(A_n)_{n \in \mathbf{N}}$ von Teilmengen von E mit Vereinigungsmenge A und jede auf einer Obermenge von A definierte numerische Funktion f gilt:*

1. *Aus $f(x) \geqq 0$ für alle $x \in A$ folgt*

(15.3) $$\int_A^* f \, d\mu = \sup_{n \in \mathbf{N}} \int_{A_n}^* f \, d\mu .$$

2. *Ist f über jedes A_n integrierbar und gilt*

$$\sup_{n\in\mathbf{N}} \int_{A_n} |f|\, d\mu < \infty\,,$$

so ist f über A integrierbar und

$$\int_A f\, d\mu = \lim_{n\to\infty} \int_{A_n} f\, d\mu\,. \tag{15.4}$$

Beweis. (1) folgt aus 15.1 (1) wegen $f_{A_n} \geqq 0$ und $f_{A_n} \uparrow f_A$. (2) folgt aus 15.1 (2), indem man f in Positiv- und Negativteil zerlegt. □

Die zweite Behauptung des Korollars läßt sich noch verschärfen, wenn die Mengen A_n sämtlich meßbar sind:

15.3 Korollar 2. *Eine Menge $A \subset E$ sei Vereinigung einer isotonen Folge $(A_n)_{n\in\mathbf{N}}$ meßbarer Mengen. Eine auf einer Obermenge von A definierte numerische Funktion f ist genau dann über A integrierbar, wenn sie über jedes A_n μ_{A_n}-integrierbar ist und*

$$\sup_{n\in\mathbf{N}} \int_{A_n} |f|\, d\mu_{A_n} < \infty \tag{15.5}$$

gilt. In diesem Fall ist

$$\int_A f\, d\mu = \lim_{n\to\infty} \int_{A_n} f\, d\mu_{A_n}; \tag{15.6}$$

insbesondere ist der Grenzwert unabhängig von der speziellen Wahl der Folge $(A_n)_{n\in\mathbf{N}}$.

Beweis. Wegen 15.2 (2) und 14.7 muß nur noch gezeigt werden, daß aus der Integrierbarkeit von f über A die genannten Bedingungen folgen. Diese ergeben sich aber sofort aus den Sätzen 14.6 (1), 14.7 und 12.14 (5). □

15.4 Bemerkungen. (1) In $E = \mathbf{R}^p$ existiert eine isotone Folge (K_n) kompakter Mengen mit E als Vereinigung (etwa $K_n = [-n, n]^p$). Für jeden metrischen Raum mit diesen Eigenschaften zeigt das Korollar 15.3, daß man in der Definition einer integrierbaren Funktion f die kompakte Integrierbarkeit durch die Integrierbarkeit über jedes K_n und die Beschränktheit der Familie $(\int_K |f|\, d\mu_K)_{K\in\mathfrak{K}}$ durch die der Folge $(\int_{K_n} |f|\, d\mu_{K_n})_{n\in\mathbf{N}}$ ersetzen kann.

(2) Ist die Bedingung (15.5) in 15.3 nicht erfüllt, existiert aber der Grenzwert der Folge $(\int_{A_n} f\,d\mu_{A_n})$, so kann i. a. nicht auf die Integrierbarkeit von f über A geschlossen werden. Dies zeigt folgendes Beispiel:

Sei $\mu = \lambda^1$ das Lebesgue-Maß auf $E = \mathbf{R}$, sei $A = \mathbf{R}$ und f die Funktion $x \mapsto \sin x$. Als stetige Funktion auf $\mathbf{R}$ ist f kompakt integrierbar. Für $n \in \mathbf{N}$ sind $K_n := [-2\pi n, 2\pi n]$ und $L_n := [-2\pi n, (2n-1)\pi]$ kompakte Mengen mit A als Vereinigung. Es ist $\int_{K_n} f\,d\lambda^1 = 0$, jedoch $\int_{L_n} f\,d\lambda^1 = 2$ für alle $n \in \mathbf{N}$. Die Grenzwerte existieren daher, aber sie sind verschieden. Folglich kann f nach 15.3 nicht λ^1-integrierbar sein.

Schließlich beweisen wir den *Konvergenzsatz von Lebesgue:*

15.5 Satz (von der majorisierten Konvergenz). *Sei $(f_n)_{n \in \mathbf{N}}$ eine Folge integrierbarer Funktionen auf E mit gemeinsamer integrierbarer Majorante $g \geqq |f_n|$ $(n \in \mathbf{N})$ für die Beträge. Konvergiert $(f_n)_{n \in \mathbf{N}}$ punktweise auf E gegen eine Funktion f, so ist auch f integrierbar und*

$$\int f\,d\mu = \lim_{n \to \infty} \int f_n\,d\mu. \tag{15.7}$$

Ist überdies f reellwertig, so gilt schärfer

$$\lim_{n \to \infty} \int |f_n - f|\,d\mu = 0. \tag{15.8}$$

Beweis. Zunächst werde zusätzlich vorausgesetzt, daß g reellwertig ist. Dann sind auch alle Funktionen f_n und f reellwertig, da $|f_n| \leqq g$ für alle n und somit auch $|f| \leqq g$ gilt. Der Lebesguesche Konvergenzsatz für den kompakten metrischen Raum $K \in \mathfrak{K}$ und das Maß μ_K zeigt, daß f kompakt integrierbar und wegen $\int^* |f|\,d\mu \leqq \int^* g\,d\mu = \int g\,d\mu < \infty$ sogar integrierbar ist. Ferner gilt nach diesem Satz

$$\lim_{n \to \infty} \int_K |f_n - f|\,d\mu_K = 0 \qquad (K \in \mathfrak{K}).$$

Gemäß 14.7 ist $\int_K |f_n - f|\,d\mu_K = \int_K |f_n - f|\,d\mu$ und somit

$$\lim_{n \to \infty} \int_K |f_n - f|\,d\mu = 0 \qquad (K \in \mathfrak{K}). \tag{15.9}$$

Nach 12.13 existiert zu jedem $\varepsilon > 0$ eine kompakte Menge K

mit $\int g\,d\mu - \int_K g\,d\mu_K < \varepsilon$. Wegen 14.7 gilt daher

$$\int_{E\setminus K} g\,d\mu = \int g\,d\mu - \int_K g\,d\mu < \varepsilon.$$

Zu diesem K gibt es gemäß (15.9) eine natürliche Zahl k mit

$$\int_K |f_n - f|\,d\mu < \varepsilon \qquad \text{für alle } n \geqq k.$$

Für diese n gilt somit

$$\begin{aligned}\int |f_n - f|\,d\mu &= \int_K |f_n - f|\,d\mu + \int_{E\setminus K} |f_n - f|\,d\mu \\ &< \varepsilon + 2\int_{E\setminus K} g\,d\mu < 3\varepsilon,\end{aligned}$$

da $|f_n - f| \leqq 2g$ aus der Dreiecksungleichung folgt. Folglich ist (15.8) gezeigt. Hieraus ergibt sich (15.7), da

$$\left|\int f_n\,d\mu - \int f\,d\mu\right| = \left|\int (f_n - f)\,d\mu\right| \leqq \int |f_n - f|\,d\mu$$

ist.

Abschließend muß noch gezeigt werden, daß der Satz auch für eine numerische integrierbare Majorante g gilt. Dies kann (ähnlich wie im Beweis von 15.1) mit Hilfe von Satz 14.4 wie folgt eingesehen werden. Danach ist $N := \{x \in E: |g(x)| = \infty\}$ eine Nullmenge. Ersetzt man jedes f_n durch $f'_n := (f_n)_{E\setminus N}$ und g durch $g' := g_{E\setminus N}$, so wird das bisher Bewiesene anwendbar. Abermals nach 14.4 ist nämlich jede der fast überall mit f_n übereinstimmenden Funktionen f'_n integrierbar mit $\int f'_n\,d\mu = \int f_n\,d\mu$. Analoges gilt für g'; die Funktion g' majorisiert aber die Beträge aller Funktionen f'_n und ist reellwertig. Schließlich ist $f' = f_{E\setminus N}$ der punktweise Limes der Folge (f'_n). f' ist also fast überall gleich f. Folglich ist mit f' auch f integrierbar. (15.7) und (15.8) ergeben sich aus den entsprechenden Gleichungen für f' und die Folge (f'_n). □

Die Nützlichkeit des Konvergenzsatzes von Lebesgue soll nun sogleich bei der Untersuchung der Frage aufgezeigt werden, wann Integrale, deren Integrand stetig bzw. differenzierbar von einem Parameter abhängt, eine entsprechende Abhängigkeit aufweisen. Unter stark einschränkenden Voraussetzungen haben wir diese Frage in den Sätzen 2.1 und 2.2 beantwortet.

15.6 Satz (Stetigkeit von Parameter-abhängigen Integralen). *Gegeben seien zwei metrische Räume E und T, ein Maß μ auf E und eine reelle Funktion $f: T \times E \to \mathbf{R}$ auf $T \times E$ derart, daß für jedes $t \in T$ die Funktion $x \mapsto f(t, x)$ auf E μ-integrierbar ist. Ist dann die Funktion $t \mapsto f(t, x)$ für jedes $x \in E$ stetig in einem Punkt $t_0 \in T$ und existiert eine μ-integrierbare Funktion $g \geqq 0$ auf E mit*

$$(15.10) \qquad |f(t, x)| \leqq g(x) \qquad \text{für alle } (t, x) \in T \times E,$$

so ist auch die auf T durch

$$(15.11) \qquad t \mapsto \int f(t, x)\, \mu(dx)$$

definierte Funktion h stetig in t_0.

Beweis. Die Stetigkeit von h ist bewiesen, wenn für jede Folge (t_n) in T mit $\lim t_n = t_0$ gilt

$$\lim_{n \to \infty} h(t_n) = h(t_0).$$

Hierzu betrachten wir die Folge (f_n) der nach Voraussetzung auf E integrierbaren Funktionen

$$f_n(x) := f(t_n, x) \qquad (n \in \mathbf{N}, x \in E).$$

Auf Grund unserer Voraussetzungen gilt dann $|f_n| \leqq g$ für alle $n \in \mathbf{N}$; ferner konvergiert (f_n) auf E punktweise gegen die Funktion $x \mapsto f(t_0, x)$. Nach dem Satz 15.5 folgt somit

$$\lim_{n \to \infty} \int f_n \, d\mu = \int f(t_0, x)\, \mu(dx),$$

d.h. $\lim h(t_n) = h(t_0)$. □

Durch eine ganz ähnliche Schlußweise erhalten wir:

15.7 Satz (Differenzierbarkeit von Parameter-abhängigen Integralen). *Gegeben sei ein nicht ausgeartetes Intervall $I \subset \mathbf{R}$, ein Maß μ auf einem metrischen Raum E und eine reelle Funktion $f: I \times E \to \mathbf{R}$ auf $I \times E$ derart, daß für jedes $t \in I$ die Funktion $x \mapsto f(t, x)$ auf E μ-integrierbar ist. Ist dann die Funktion $t \mapsto f(t, x)$ für jedes $x \in E$ auf I differenzierbar (die Ableitung in t werde mit $f'(t, x)$ bezeichnet) und existiert eine μ-integrier-*

bare Funktion $g \geqq 0$ *auf* E *mit*

$$(15.12)\qquad |f'(t,x)| \leqq g(x) \qquad \textit{für alle } (t,x) \in I \times E,$$

so ist auch die durch

$$(15.13)\qquad t \mapsto \int f(t,x)\,\mu(dx)$$

definierte Funktion h *auf* I *differenzierbar. Ihre Ableitung kann durch Differentiation unter dem Integral gewonnen werden: Für jedes* $t \in I$ *ist die Funktion* $x \mapsto f'(t,x)$ μ*-integrierbar, und es gilt*

$$(15.14)\qquad h'(t) = \int f'(t,x)\,\mu(dx) \qquad \textit{für alle } t \in I.$$

Beweis. Zum Beweis der Differenzierbarkeit von h in $t_0 \in I$ sei (t_n) eine gegen t_0 konvergente Folge in I mit $t_n \neq t_0$ für alle $n \in \mathbf{N}$. Wir zeigen dann, daß

$$\lim_{n\to\infty} \frac{h(t_n) - h(t_0)}{t_n - t_0}$$

existiert und gleich $\int f'(t_0, x)\,\mu(dx)$ ist. Hierzu betrachten wir die Folge (f_n) der nach Voraussetzung auf E integrierbaren Funktionen

$$f_n(x) := \frac{f(t_n, x) - f(t_0, x)}{t_n - t_0} \qquad (n \in \mathbf{N},\ x \in E).$$

Diese konvergiert auf E punktweise gegen $x \mapsto f'(t_0, x)$. Außerdem gilt $|f_n| \leqq g$, was man wie folgt einsieht. Nach dem Mittelwertsatz der Differentialrechnung existiert zu jedem $x \in E$ ein zwischen t_n und t_0 gelegener Punkt $\tau_n \in I$ mit

$$f'(\tau_n, x) = f_n(x).$$

Die behauptete Majorisierung folgt somit aus (15.12). Nun kann der Satz 15.5 auf (f_n) angewandt werden. Danach ist die Funktion $x \mapsto f'(t_0, x)$ μ-integrierbar, und es gilt

$$\lim_{n\to\infty} \int f_n\,d\mu = \int f'(t_0, x)\,\mu(dx).$$

Wegen der Linearität des Integrals heißt dies gerade

$$\lim_{n\to\infty} \frac{h(t_n) - h(t_0)}{t_n - t_0} = \int f'(t_0, x)\, \mu(dx).$$

Somit ist h in $t_0 \in I$ differenzierbar, und es gilt (15.14) in t_0. □

Der Satz 15.6 bzw. 15.7 enthält 2.1 bzw. 2.2 als Spezialfall, da dort die Majorisierungsbedingung (15.10) bzw. (15.12) wegen der Stetigkeit der Integranden durch eine konstante Funktion g erfüllt ist.

Die soeben bewiesenen Sätze werden wir bei der Untersuchung der Stetigkeit und Differenzierbarkeit der Gamma-Funktion in (17.7), (17.8) anwenden.

§ 16 Meßbare Funktionen und Integrierbarkeit*

In diesem Abschnitt soll die Rolle der meßbaren Mengen bezüglich eines Maßes $\mu = (\mu_K)_{K \in \mathfrak{K}}$ auf einem metrischen Raum E genauer untersucht werden.

Wir benutzen hierzu die im Satz 13.5 eingeführte Bezeichnung $\mathfrak{A}(\mu)$ für das System aller μ-meßbaren Teilmengen von E. Gemäß (13.9) bis (13.11) liegt $\emptyset$ in $\mathfrak{A}(\mu)$; mit jeder Menge aus $\mathfrak{A}(\mu)$ liegt auch deren Komplement in $\mathfrak{A}(\mu)$, ferner ist $\mathfrak{A}(\mu)$ stabil bezüglich der Vereinigung und damit des Durchschnitts von Folgen von Mengen aus $\mathfrak{A}(\mu)$.

Für eine beliebige Menge $A \subset E$ und jede reelle Zahl α ist die Menge $\{1_A \geqq \alpha\}$ eine der Mengen $\emptyset$, A oder E je nachdem, ob $\alpha > 1$, $0 < \alpha \leqq 1$ oder $\alpha \leqq 0$ gilt. Folglich kann die μ-Meßbarkeit einer Menge $A \subset E$ mittels deren Indikatorfunktion durch die Bedingung $\{1_A \geqq \alpha\} \in \mathfrak{A}(\mu)$ für alle $\alpha \in \mathbf{R}$ zum Ausdruck gebracht werden. Ersetzt man die Indikatorfunktion in dieser Bedingung durch eine beliebige numerische Funktion, so gelangt man zu folgender Begriffsbildung:

16.1 Definition. *Eine numerische Funktion* $f: E \to \overline{\mathbf{R}}$ *heiße* (μ-)*meßbar, wenn für jedes* $\alpha \in \mathbf{R}$ *die Menge*

* Dieser Paragraph hat ergänzenden Charakter und kann bei der ersten Lektüre des Buches überschlagen werden.

$$\{f \geqq \alpha\} = \{x \in E : f(x) \geqq \alpha\}$$

(μ-)meßbar ist, also in $\mathfrak{A}(\mu)$ liegt.

Danach ist also eine Menge $A \subset E$ genau dann meßbar, wenn ihre Indikatorfunktion meßbar ist.

Bevor wir weitere Beispiele meßbarer Funktionen angeben, bemerken wir, daß man in der Definition der Meßbarkeit ebensogut die Mengen $\{f > \alpha\}$, $\{f \leqq \alpha\}$ oder $\{f < \alpha\}$ hätte verwenden können.

16.2 Lemma. *Jede der folgenden Bedingungen ist gleichwertig mit der μ-Meßbarkeit einer numerischen Funktion $f : E \to \overline{\mathbf{R}}$:*

(16.1) $\{f \geqq \alpha\} \in \mathfrak{A}(\mu)$ *für alle* $\alpha \in \mathbf{R}$;

(16.2) $\{f > \alpha\} \in \mathfrak{A}(\mu)$ *für alle* $\alpha \in \mathbf{R}$;

(16.3) $\{f \leqq \alpha\} \in \mathfrak{A}(\mu)$ *für alle* $\alpha \in \mathbf{R}$;

(16.4) $\{f < \alpha\} \in \mathfrak{A}(\mu)$ *für alle* $\alpha \in \mathbf{R}$.

Beweis. Zu zeigen ist nur die Äquivalenz der vier Bedingungen. Bei Beachtung der Eigenschaften (13.9) bis (13.11) ergibt sich diese aber aus folgenden für alle $\alpha \in \mathbf{R}$ gültigen Gleichheiten

$$\{f > \alpha\} = \bigcup_{n=1}^{\infty} \left\{f \geqq \alpha + \frac{1}{n}\right\}; \ \{f \leqq \alpha\} = \complement\{f > \alpha\};$$

$$\{f < \alpha\} = \bigcup_{n=1}^{\infty} \left\{f \leqq \alpha - \frac{1}{n}\right\}; \ \{f \geqq \alpha\} = \complement\{f < \alpha\}. \quad \square$$

16.3 Beispiele. (1) Jede auf E halbstetige numerische Funktion f ist meßbar (bezüglich eines jeden Maßes μ auf E). Für $\alpha \in \mathbf{R}$ ist nämlich die Menge $\{f > \alpha\}$ bzw. $\{f < \alpha\}$ offen, wenn f nach unten bzw. oben halbstetig ist. Offene Mengen sind aber nach 13.2 meßbar.

(2) Jede (μ-)*Treppenfunktion*, d.h. jede Linearkombination

(16.5) $$t := \sum_{i=1}^{n} \alpha_i 1_{A_i}$$

von Indikatorfunktionen meßbarer Mengen $A_1, \ldots, A_n$ mit reellen Koeffizienten $\alpha_1, \ldots, \alpha_n$ $(n \in \mathbf{N})$ ist meßbar. Offenbar nimmt t nur Werte der Form $\sum_{i \in I} \alpha_i$ an, wenn dabei I alle Teilmengen von $\{1, \ldots, n\}$ durchläuft. Für jedes $\alpha \in \mathbf{R}$ ist daher $\{t \geqq \alpha\}$ eine Vereinigung gewisser Durchschnitte der Mengen $\emptyset$, E sowie $A_1, \ldots, A_n$, also stets meßbar.

(3) Ist die konstante Funktion 1 auf E μ-integrierbar – dies ist insbesondere für jeden kompakten metrischen Raum E der Fall –, so ist jede μ-integrierbare Funktion $f: E \to \overline{\mathbf{R}}$ auch μ-meßbar. In der Tat: Für jedes $n \in \mathbf{N}$ ist $g_n := \inf(nf^+, 1)$ eine integrierbare Funktion. Für die Folge (g_n) gilt

$$g_n \uparrow 1_{\{f>0\}}$$

und $\sup \int g_n \, d\mu \leqq \int 1 \, d\mu < \infty$. Nach dem Satz von der monotonen Konvergenz ist somit $1_{\{f>0\}}$ eine integrierbare Funktion, also $\{f > 0\}$ eine integrierbare und somit meßbare Menge. Da mit f auch $f - \alpha$ für jedes $\alpha \in \mathbf{R}$ integrierbar ist, folgt $\{f > \alpha\} = \{f - \alpha > 0\} \in \mathfrak{A}(\mu)$.

Dieses letzte Beispiel wirft die Frage auf, inwieweit der Begriff der Meßbarkeit zur Kennzeichnung integrierbarer Funktionen herangezogen werden kann. Der folgende Satz und seine Korollare klären diese Frage. Wir gelangen so zu einem bereits in § 13 angekündigten *Integrabilitätskriterium*:

16.4 Satz. *Eine numerische Funktion f auf E ist genau dann kompakt integrierbar, wenn sie meßbar ist und wenn $\int_K^* |f| \, d\mu < \infty$ für jede kompakte Menge $K \subset E$ gilt.*

Beweis. Zunächst soll die Notwendigkeit der genannten Bedingung gezeigt werden. Ist f kompakt integrierbar, so heißt dies, daß f über jedes $K \in \mathfrak{K}$ μ_K-integrierbar ist. Bezeichnet f^K die Restriktion von f auf K, so folgt aus dem letzten Beispiel die μ_K-Meßbarkeit von f^K. Es ist also für jedes $\alpha \in \mathbf{R}$ die Menge $\{f^K \geqq \alpha\}$ μ_K-meßbar, d.h. wegen der Kompaktheit von K μ_K-integrierbar. Somit ist

$$\{f \geqq \alpha\} \cap K = \{f^K \geqq \alpha\}$$

μ_K-integrierbar für jedes $K \in \mathfrak{K}$, also $\{f \geqq \alpha\}$ definitionsgemäß μ-meßbar. Dies beweist die μ-Meßbarkeit von f. Da mit f auch $|f|$ kompakt integrierbar ist, folgt $\int_K^* |f| d\mu = \int_K |f| d\mu = \int_K |f| d\mu_K < \infty$.

Die Bedingung ist aber auch hinreichend für kompakte Integrierbarkeit. Für den Beweis kann $f \geqq 0$ angenommen werden. Anderenfalls beachte man, daß mit f auch der Positivteil f^+ und der Negativteil f^- meßbar sind und daß $\int_K^* f^+ d\mu \leqq \int_K^* |f| d\mu$ sowie $\int_K^* f^- d\mu \leqq \int_K^* |f| d\mu$ für alle $K \in \mathfrak{K}$ gilt. Die Meßbarkeit von f^+ und f^- folgt aus den für alle $\alpha \in \mathbf{R}$ bestehenden Gleichheiten

$$\{f^+ \geqq \alpha\} = \begin{cases} \{f \geqq \alpha\}, & \text{falls } \alpha > 0 \\ E & \text{, falls } \alpha \leqq 0 \end{cases}$$

und

$$\{f^- \geqq \alpha\} = \begin{cases} \{f \leqq -\alpha\}, & \text{falls } \alpha > 0 \\ E & \text{, falls } \alpha \leqq 0 . \end{cases}$$

Ist aber $f \geqq 0$, so setze man für jedes $n \in \mathbf{N}$ und jedes $i \in \{0, 1, \ldots, n2^n\}$

$$A_{in} := \begin{cases} \left\{f \geqq \frac{i}{2^n}\right\} \cap \left\{f < \frac{i+1}{2^n}\right\} & \text{für } i \leqq n2^n - 1 \\ \{f \geqq n\} & \text{für } i = n2^n. \end{cases}$$

Dann ist $(A_{in})_{i=0,\ldots,n2^n}$ eine endliche Folge paarweise fremder Mengen aus $\mathfrak{A}(\mu)$ und daher

$$f_n := \sum_{i=0}^{n2^n} \frac{i}{2^n} 1_{A_{in}}$$

eine kompakt integrierbare Funktion (sogar eine μ-Treppenfunktion $\geqq 0$). Die Restriktion von f_n auf ein $K \in \mathfrak{K}$ ist nämlich gleich

$$\sum_{i=0}^{n2^n} \frac{i}{2^n} 1^K_{A_{in} \cap K};$$

die Mengen $A_{in} \cap K$ sind aber μ_K-integrierbar. Beim Übergang von n zu $n+1$ zerfällt für $i < n2^n$ das Intervall $\left[\frac{i}{2^n}, \frac{i+1}{2^n}\right[$, dessen f-Urbild gleich A_{in} ist, in die Teilintervalle $\left[\frac{2i}{2^{n+1}}, \frac{2i+1}{2^{n+1}}\right[$ und $\left[\frac{2i+1}{2^{n+1}}, \frac{2i+2}{2^{n+1}}\right[$. Daher nimmt f_{n+1} auf A_{in} mit $i < n2^n$ nur die Werte $\frac{2i}{2^{n+1}} = \frac{i}{2^n}$ und $\frac{2i+1}{2^{n+1}} > \frac{i}{2^n}$ und auf A_{in} mit $i = n2^n$ nur Werte $\geqq n$ an. Folglich ist die Folge (f_n) isoton. Es ist $\sup f_n = f$, da für $x \in E$ entweder $f(x) = \infty$ und damit $f_n(x) = n$ für alle $n \in \mathbf{N}$ oder $f(x) < \infty$ und damit $f_n(x) \leqq f(x) < f_n(x) + 2^{-n}$ für alle $n > f(x)$ gilt. Wegen $f_n \uparrow f$ und $\int_K^* f\, d\mu_K = \int_K^* f\, d\mu < \infty$ ist dann aber f nach dem Satz von der monotonen Konvergenz über jedes $K \in \mathfrak{K}$ μ_K-integrierbar, also über E kompakt integrierbar. □

16.5 Korollar 1. *Eine numerische Funktion f auf E ist genau dann integrierbar, wenn sie meßbar ist und wenn*

$$\int^* |f|\, d\mu < \infty$$

gilt.

Dies ist eine unmittelbare Folgerung aus dem vorausgehenden Satz.

Eine nützliche Konsequenz aus diesem Korollar ist schließlich die Verschärfung der Eigenschaft (5) aus Satz 12.14:

16.6 Korollar 2. *Eine meßbare numerische Funktion f auf E ist genau dann integrierbar, wenn ihr Absolutbetrag $|f|$ integrierbar ist.*

Beweis. Zu zeigen ist nur, daß aus der Integrierbarkeit von $|f|$ die von f folgt. Dies aber ergibt sich aus Korollar 1. □

16.7 Bemerkungen. (1) Der Beweis von Satz 16.4 lehrt, daß zu jeder μ-meßbaren Funktion $f \geqq 0$ eine Folge (t_n) von μ-Treppenfunktionen mit $t_n \uparrow f$ existiert. Jedes t_n ist dabei von der Form (16.5) mit Koeffizienten $\alpha_i \in \mathbf{R}_+$; insbesondere gilt $t_n \geqq 0$.

(2) Das vorausgehende Integrabilitätskriterium 16.4 und seine Korollare erlauben auch die Klärung einer Reihe zusätzlicher Probleme, die sich beim Aufbau unserer Integrationstheorie stellen. Wir erwähnen zwei Beispiele hierfür:

Sei Q ein kompakter Quader im $\mathbf{R}^p$, welcher nicht ausgeartet ist, d.h. innere Punkte besitzt. Wir kennen noch kein Beispiel einer numerischen Funktion f auf Q, für welche Ober- und Unterintegral bezüglich des Lebesgue-Maßes λ_Q nicht übereinstimmen (vgl. die an Beispiel 5.3 anschließende Bemerkung). Gemäß 16.5 genügt es, eine nicht λ_Q-meßbare Funktion $f \geqq 0$ mit endlichem Oberintegral $\int^* f\,d\lambda_Q$ anzugeben. Unter entscheidender Heranziehung des Auswahlaxioms der Mengenlehre kann die Existenz einer solchen Funktion, welche sogar die Indikatorfunktion einer nicht λ_Q-meßbaren Teilmenge von Q ist, nachgewiesen werden. (Vgl. [2], S. 49 und 51.)

Mit Hilfe einer solchen Funktion kann man dann auch etwa zeigen, daß die Subadditivität (5.10) und (12.7) des Oberintegrals und die hieraus folgende Subadditivität des äußeren Maßes nicht zur Additivität verschärft werden können. Ist nämlich A eine nicht λ_Q-meßbare Teilmenge von Q, so läßt sich die Existenz von Mengen $S \subset Q$ mit

$$\lambda_Q^*(S) < \lambda_Q^*(S \cap A) + \lambda_Q^*(S \setminus A)$$

beweisen (vgl. [2], S. 32ff.).

Im Gegensatz hierzu gilt aber:

16.8 Satz. *Für je zwei meßbare numerische Funktionen $f \geqq 0$ und $g \geqq 0$ auf E ist $f+g$ meßbar und*

$$\int^* (f+g)\,d\mu = \int^* f\,d\mu + \int^* g\,d\mu. \tag{16.6}$$

Beweis. Die Meßbarkeit von $f+g$ folgt aus der für alle $\alpha \in \mathbf{R}$ gültigen Gleichheit

$$\{f+g > \alpha\} = \bigcup_{\varrho \in \mathbf{Q}} (\{f > \varrho\} \cap \{g > \alpha - \varrho\})$$

bei Beachtung von (13.11) und der Abzählbarkeit der Menge $\mathbf{Q}$ der rationalen Zahlen. Ist $f+g$ nicht integrierbar, so sind f und g nicht beide integrierbar. Also gilt $\int^*(f+g)\,d\mu = \infty$ und $\int^* f\,d\mu = \infty$ oder $\int^* g\,d\mu = \infty$. Ist $f+g$ integrierbar, so sind f und g integrierbar. Dies folgt aus 16.5 und $0 \leqq f \leqq f+g$

sowie $0 \leqq g \leqq f + g$. In beiden Fällen gilt somit die behauptete Gleichheit (16.6). □

16.9 Bemerkung. Für jede μ-Treppenfunktion $t = \sum_{i=1}^{n} \alpha_i 1_{A_i}$ mit Koeffizienten $\alpha_i \geqq 0$ gilt gemäß 16.8

$$\int^* t\, d\mu = \sum_{i=1}^{n} \alpha_i \mu^*(A_i).$$

Nach der Bemerkung 16.7 gibt es zu jeder μ-meßbaren Funktion $f \geqq 0$ eine Folge (t_n) derartiger μ-Treppenfunktionen mit $t_n \uparrow f$, also wegen des Satzes von der monotonen Konvergenz mit

$$\int^* f\, d\mu = \sup_{n \in \mathbf{N}} \int^* t_n\, d\mu.$$

Aus der Kenntnis von $\mathfrak{A}(\mu)$ und des äußeren Maßes $A \mapsto \mu^*(A)$ auf $\mathfrak{A}(\mu)$ können daher die Begriffe der Integrierbarkeit und des Integrals wieder zurückgewonnen werden.

Diese Feststellung ist für einen anderen Zugang zur Integrationstheorie von grundsätzlicher Bedeutung. Wir kommen hierauf am Schluß des Buches im Anhang zurück.

Kapitel III

Das Lebesguesche Integral

Nach den Vorbereitungen des zweiten Kapitels steht nun einer endgültigen Klärung der im Vorspann zu Kapitel I aufgeworfenen Fragen (Aufgabe 1 und 2) nichts mehr im Wege.

In 12.4 haben wir das Lebesgue-Maß λ^p auf $\mathbf{R}^p$ als Beispiel eines Maßes auf dem metrischen Raum $\mathbf{R}^p$ eingeführt. Das Lebesgue-Integral ist gemäß (12.10) erklärt, die Integration nach λ^p über Teilmengen von $\mathbf{R}^p$ genügt den in § 14 angegebenen überschaubaren Gesetzmäßigkeiten. Damit ist die Aufgabe 1 gelöst. Wir wollen nun die reichhaltige Struktur des $\mathbf{R}^p$ ausnutzen, um weitergehende Eigenschaften des

Lebesgue-Integrals zu beweisen. Insbesondere soll die geometrische Interpretierbarkeit des λ^p-Integrals untersucht und der Zusammenhang zwischen diesem Integral und dem in § 13 eingeführten Begriff des Lebesgue-Maßes oder Volumens von Mengen im Sinne einer Lösung von Aufgabe 2 hergestellt werden.

Wir beginnen mit einigen Beispielen.

§ 17 Beispiele zum Lebesgueschen Integral

Zunächst soll für das λ^1-Integral die für Integrale stetiger Funktionen geläufige Bezeichnung übernommen werden:

Für jedes kompakte Intervall $I = [a, b]$ und $f \in \mathscr{C}(I)$ gilt nach 14.7:

$$\int_a^b f(x)\,dx = \int f\,d\lambda_I = \int_I f\,d\lambda^1 .$$

Sind allgemeiner $a, b \in \overline{\mathbf{R}}$ und ist I ein (nicht notwendig beschränktes) Intervall in $\mathbf{R}$ mit (nicht notwendig zu I gehörigen) Endpunkten a und b ($a \leqq b$), so schreibt man für jede über I λ^1-integrierbare Funktion f:

$$\text{(17.1)} \qquad \int_a^b f(x)\,dx := \int_I f\,d\lambda^1 .$$

(Da einpunktige Mengen das Lebesgue-Maß 0 haben, sind die Integrale über I, das Innere $\mathring{I}$ und den Abschluß $\overline{I}$ von I gleich, so daß obige Bezeichnungsweise nicht zu Schwierigkeiten führt.)

Sei nun $b = \infty$ und $f: I \to \overline{\mathbf{R}}_+$ eine positive numerische Funktion auf I. Nach 15.3 ist f genau dann über I λ^1-integrierbar, wenn f über jedes der Intervalle $I \cap]-\infty, n]$ ($n \in \mathbf{N}$) λ^1-integrierbar und $\sup_{n \in \mathbf{N}} \int_a^n f(x)\,dx < \infty$ ist. In diesem Fall ist

$$\text{(17.2)} \qquad \int_a^\infty f(x)\,dx = \lim_{n \to \infty} \int_a^n f(x)\,dx .$$

Wir haben bereits in 15.4 (2) gesehen, daß für Funktionen f beliebigen Vorzeichens die Existenz des Grenzwerts in (17.2) nicht hinreichend für die Integrierbarkeit von f ist. Das folgende Beispiel zeigt schärfer, daß für stetige Funktionen $f: I \to \mathbf{R}$, die sowohl positive als auch negative Werte annehmen, selbst aus der Existenz von $\lim\limits_{\substack{r \to \infty \\ r \in \mathbf{R}}} \int_a^r f(x)\,dx$ nicht auf die λ^1-Integrierbarkeit von f über I geschlossen werden kann.

17.1 Beispiel. Sei $I = [\pi, \infty[$ und $f: x \mapsto \dfrac{\sin x}{x}$. Zu $\varepsilon > 0$ existiert ein $q \in \mathbf{N}$ mit $\dfrac{2}{q} < \varepsilon$. Für alle $r, s \in \mathbf{R}$ mit $r \geqq s \geqq q$ gilt dann:

$$\left| \int_\pi^r \frac{\sin x}{x}\,dx - \int_\pi^s \frac{\sin x}{x}\,dx \right| = \left| \int_s^r \frac{\sin x}{x}\,dx \right|$$

$$= \left| \left[-\frac{\cos x}{x} \right]_s^r - \int_s^r \frac{\cos x}{x^2}\,dx \right| \leqq \frac{1}{r} + \frac{1}{s} + \int_s^r \frac{1}{x^2}\,dx$$

$$= \frac{1}{r} + \frac{1}{s} - \frac{1}{r} + \frac{1}{s} = \frac{2}{s} \leqq \frac{2}{q} < \varepsilon.$$

Hieraus folgt, daß nach dem Cauchyschen Konvergenzkriterium $\lim\limits_{r \to \infty} \int_\pi^r \frac{\sin x}{x}\,dx =: b \in \mathbf{R}$ existiert. (Dieser Grenzwert wird in der Literatur häufig als „*uneigentliches Integral*" bezeichnet).

$f: x \mapsto \dfrac{\sin x}{x}$ ist jedoch nicht λ^1-integrierbar über I, da $|f|$ nach folgender Überlegung nicht λ^1-integrierbar über I ist:

Für alle $k \in \mathbf{N}$ und alle $x \in [k\pi, (k+1)\pi]$ ist

$$|f(x)| \geqq \frac{1}{(k+1)\pi} |\sin x|.$$

Also gilt für alle $n \in \mathbf{N}$:

$$\int_{\pi}^{(n+1)\pi} |f(x)|\,dx = \sum_{k=1}^{n} \int_{k\pi}^{(k+1)\pi} |f(x)|\,dx$$

$$\geqq \sum_{k=1}^{n} \frac{1}{(k+1)\pi} \int_{k\pi}^{(k+1)\pi} |\sin x|\,dx$$

$$= \left(\frac{1}{\pi}\int_{0}^{\pi} \sin x\,dx\right) \sum_{k=1}^{n} \frac{1}{k+1} = \frac{2}{\pi} \sum_{k=1}^{n} \frac{1}{k+1}.$$

Somit ist

$$\sup_{n\in\mathbf{N}} \int_{\pi}^{(n+1)\pi} |f(x)|\,dx \geqq \frac{2}{\pi} \sup_{n\in\mathbf{N}} \sum_{k=1}^{n} \frac{1}{k+1} = +\infty,$$

also $|f|$ nicht über $[\pi, \infty[$ λ^1-integrierbar.

Wir benutzen nun das zu Beginn dieses Abschnitts angegebene Kriterium zur Untersuchung der Integrierbarkeit von Funktionen $f \geqq 0$ über Intervalle in $\mathbf{R}$ sowie (17.2) zur Berechnung des Integrals.

17.2 Beispiele. (1) Die auf $\mathbf{R}$ definierte Funktion $x \mapsto e^{-x}$ ist über $\mathbf{R}_+$ λ^1-integrierbar, und es gilt

$$\int_{0}^{\infty} e^{-x}\,dx = 1,$$

denn

$$\sup_{n\in\mathbf{N}} \int_{0}^{n} e^{-x}\,dx = \sup_{n\in\mathbf{N}} (e^0 - e^{-n}) = 1 < +\infty.$$

(2) Die auf $\mathbf{R}_+$ definierte Funktion $x \mapsto \dfrac{1}{1+x^2}$ ist über $\mathbf{R}_+$ λ^1-integrierbar, und es gilt

$$\int_{0}^{\infty} \frac{1}{1+x^2}\,dx = \sup_{n\in\mathbf{N}} \int_{0}^{n} \frac{1}{1+x^2}\,dx = \sup_{n\in\mathbf{N}} (\operatorname{arctg} n) = \frac{\pi}{2}.$$

(Dabei wurde der Hauptwert $-\dfrac{\pi}{2} \leqq \operatorname{arctg} \leqq \dfrac{\pi}{2}$ des arctg benutzt.)

(3) Die auf $\mathbf{R}_+$ definierte Funktion $x \mapsto \dfrac{1}{1+x}$ ist nicht über

$\mathbf{R}_+$ λ^1-integrierbar, denn

$$\sup_{n\in\mathbf{N}} \int_0^n \frac{1}{1+x}\,dx = \sup_{n\in\mathbf{N}} \log(1+n) = +\infty .$$

(4) Sei $\alpha > 0$. Die auf $[1, +\infty[$ definierte Funktion

$$h_\alpha : x \mapsto \frac{1}{x^\alpha}$$

ist *genau dann* λ^1*-integrierbar über* $[1, \infty[$, *wenn* $\alpha > 1$ ist, denn

$$\sup_{n\in\mathbf{N}} \int_1^n \frac{1}{x^\alpha}\,dx = \begin{cases} \sup\limits_{n\in\mathbf{N}} \dfrac{1}{1-\alpha}(n^{1-\alpha}-1), & \alpha \neq 1 \\ \sup\limits_{n\in\mathbf{N}} \log n, & \alpha = 1 \end{cases} = \begin{cases} \dfrac{1}{\alpha-1}, & \alpha > 1 \\ +\infty, & \alpha \leqq 1 \end{cases}.$$

(5) Für kein $\alpha \in \mathbf{R}$ ist die Funktion $f_\alpha : x \mapsto x^\alpha$ über $]0, \infty[$ λ^1-integrierbar. Ist nämlich $\alpha \geqq 0$ und wäre f_α über $]0, \infty[$ λ^1-integrierbar, so wäre f_α auch über $[1, \infty[$ λ^1-integrierbar. Nach dem Majorantenkriterium 12.14 (7) wäre dann auch die konstante Funktion 1 über $[1, \infty[$ λ^1-integrierbar, was was jedoch $\sup \int_1^n 1\,dx = \infty$ widerspricht.

Ist $\alpha < 0$ und wäre f_α über $]0, \infty[$ λ^1-integrierbar, so ist nach (4) $\alpha < -1$. Wegen $\lambda^1(\{0\}) = 0$ ist dann die auf $[0, 1]$ definierte Funktion

$$x \mapsto \begin{cases} x^\alpha, & x > 0 \\ +\infty, & x = 0 \end{cases}$$

$\lambda_{[0,1]}$-integrierbar, was aber 7.3, Beispiel (2) widerspricht.

(6) Die Funktionen $h_\alpha (\alpha > 0)$ werden – ähnlich wie auf $[0, 1]$ (vgl. 7.3, Beispiel (2)) – als *Vergleichsfunktionen* im Majorantenkriterium 12.14 (7) herangezogen:

Die für $\beta \in \mathbf{R}$ auf $[1, \infty[$ definierte Funktion $f : x \mapsto e^{-x} x^\beta$ ist über $[1, \infty[$ λ^1-integrierbar, denn wegen

$$\lim_{x\to\infty} x^2 e^{-x} x^\beta = \lim_{x\to\infty} e^{-x} x^{2+\beta} = 0$$

existiert eine (von β abhängige) Konstante $M > 0$, so daß für alle $x \geqq 1$ gilt: $e^{-x} x^{\beta} \leqq M x^{-2}$. Nach (4) und dem Majorantenkriterium ist f über $[1, \infty[$ λ^1-integrierbar.

(7) Für $t > -1$ ist die auf $]0, \infty[$ definierte Funktion $f: x \mapsto e^{-x} x^t$ über $]0, \infty[$ λ^1-integrierbar.

Dies läßt sich so einsehen: Aus 7.3, Beispiel (3) wissen wir, daß für $-1 < t < 0$ die auf $[0, 1]$ definierten Funktionen

$$g_t: x \mapsto \begin{cases} e^{-x} x^t, & x \neq 0 \\ +\infty\,, & x = 0 \end{cases}$$

$\lambda_{[0,1]}$-integrierbar sind.
Für $t \geqq 0$ ist $g_t: x \mapsto e^{-x} x^t$ stetig und somit $\lambda_{[0,1]}$-integrierbar. Nach 14.7 ist dann g_t für $t > -1$ über $[0, 1]$ und somit f nach 14.6 (1) über $]0, 1[$ λ^1-integrierbar.

Nach (6) ist f über $[1, \infty[$ λ^1-integrierbar, also ist f nach der Additivitätseigenschaft (14.6) über $]0, \infty[$ λ^1-integrierbar.

Somit ist die reelle Funktion $\Gamma:]0, \infty[\to \mathbf{R}_+$ durch

$$(17.3) \qquad \Gamma(t) := \int_0^{\infty} e^{-x} x^{t-1}\, dx$$

definiert. Sie heißt *Gamma-Funktion.*

(8) Wir stellen im folgenden einige Eigenschaften der Gamma-Funktion zusammen:

$$(17.4) \qquad \Gamma(1) = 1$$

folgt sofort aus Beispiel (1).
Für alle $t > 0$ gilt

$$(17.5) \qquad t\,\Gamma(t) = \Gamma(t+1),$$

insbesondere ist nach (17.4)

$$(17.6) \qquad \Gamma(n+1) = n!\,.$$

Durch partielle Integration erhält man nämlich für $m \in \mathbf{N}$

$$\int_{\frac{1}{m}}^{m} e^{-x}x^t dx = [-e^{-x}x^t]_{\frac{1}{m}}^{m} + t\int_{\frac{1}{m}}^{m} e^{-x}x^{t-1}dx,$$

also gemäß 15.3

$$\Gamma(t+1) = \lim_{m\to\infty}\left(e^{-1/m}\left(\frac{1}{m}\right)^t - e^{-m}m^t\right) + t\Gamma(t) = t\Gamma(t).$$

(17.7) *Γ ist auf $]0, \infty[$ stetig.*

Zum Beweis sei $f(t, x) = e^{-x}x^{t-1}$ der Integrand in (17.3) sowie $A_1 :=]0, 1[$ und $A_2 := [1, \infty[$. Dann gilt $\Gamma = \Gamma_1 + \Gamma_2$ mit

$$\Gamma_i(t) = \int_{A_i} f(t, x)\lambda^1(dx) \qquad (i = 1, 2;\ t > 0).$$

Wir zeigen die Stetigkeit von Γ_1 und Γ_2 (und damit von Γ) in einem beliebigen Punkt $t_0 \in]0, \infty[$, indem wir den Satz 15.6 über die Stetigkeit Parameter-abhängiger Integrale anwenden. Hierzu wählen wir Zahlen $0 < \alpha < \beta$ derart, daß t_0 in $]\alpha, \beta[$ liegt. Dann aber muß nach 15.6 nur die Existenz von über A_i λ^1-integrierbaren Funktionen g_i $(i = 1, 2)$ gezeigt werden derart, daß

$$|f(t, x)| \leqq g_1(x) \quad \text{bzw.} \quad |f(t, x)| \leqq g_2(x)$$

für alle $t \in]\alpha, \beta[$ und alle $x \in A_1$ bzw. alle $x \in A_2$ gilt. Dies aber ist uns im wesentlichen bekannt: Es gilt nämlich

$$0 \leqq f(t, x) \leqq e^{-x}x^{\alpha-1} \qquad \text{für } (t, x) \in]\alpha, \beta[\times A_1$$

und

$$0 \leqq f(t, x) \leqq e^{-x}x^{\beta-1} \qquad \text{für } (t, x) \in]\alpha, \beta[\times A_2.$$

Nach 7.3, Beispiel (3) ist aber $x \mapsto g_1(x) := e^{-x}x^{\alpha-1}$ über A_1 und nach Beispiel (6) ist $x \mapsto g_2(x) := e^{-x}x^{\beta-1}$ über A_2 λ^1-integrierbar. Also leisten g_1 und g_2 das Verlangte.

Dieselbe Idee liefert mit etwas mehr Rechenaufwand bei Verwendung des Satzes 15.7 über die Differenzierbarkeit Parameter-abhängiger Integrale:

Γ ist auf $]0, \infty[$ beliebig oft differenzierbar. Es gilt

(17.8) $$\Gamma^{(n)}(t) = \int_0^\infty e^{-x} x^{t-1} (\log x)^n \, dx$$

für alle $t > 0$ *und* $n = 1, 2, \ldots$.

Wählt man nämlich zu $t_0 > 0$ wie oben die Zahlen α, β, so gilt bei beliebigem $n \in \mathbf{N}$

$$|e^{-x} x^{t-1} (\log x)^n| \leqq e^{-x} x^{\alpha-1} \left(\log \frac{1}{x}\right)^n$$

$$\text{für } (t, x) \in]\alpha, \beta[\times A_1$$

und

$$|e^{-x} x^{t-1} (\log x)^n| \leqq e^{-x} x^{\beta-1} (\log x)^n$$

$$\text{für } (t, x) \in]\alpha, \beta[\times A_2 .$$

Aus Satz 15.7 erhält man daher die n-malige Differenzierbarkeit von Γ in t_0 und die Gültigkeit von (17.8) in $t = t_0$ durch vollständige Induktion nach n mit Induktionsanfang $n = 0$, wo sich (17.8) auf die Definition der Gamma-Funktion reduziert. Man hat nur die Voraussetzung von 15.7 nachzuweisen, daß nämlich die Majorantenfunktionen

$$g_1 : x \mapsto e^{-x} x^{\alpha-1} \left(\log \frac{1}{x}\right)^n$$

über A_1 und

$$g_2 : x \mapsto e^{-x} x^{\beta-1} (\log x)^n$$

über A_2 λ^1-integrierbar sind.

Zum Nachweis der λ^1-Integrierbarkeit von g_1 über A_1 schließen wir ähnlich wie in 7.3, Beispiel (3). Zu $\gamma := \alpha - 1$ wähle man ein $\delta \in]0, 1[$ mit $\gamma + \delta > 0$. Wegen*

$$\lim_{x \to 0} e^{-x} x^{\gamma+\delta} \left(\log \frac{1}{x}\right)^n = 0$$

* Es ist $\lim\limits_{x \to 0} x^\varrho \left(\log \frac{1}{x}\right)^n = 0$ für $\varrho > 0$, wie man durch die Substitution $x = e^{-y}$ sofort sieht.

existiert dann ein $M > 0$ mit

$$|g_1(x)| \leqq M x^{-\delta} \qquad \text{für alle } x \in A_1.$$

Nach 7.3, Beispiel (2) und 14.7 ist daher g_1 über A_1 λ^1-integrierbar.

Noch einfacher ergibt sich die λ^1-Integrierbarkeit von $g_2(x) := e^{-x} x^{\gamma} (\log x)^n$ über A_2 sogar für beliebige reelle Zahlen γ. Auf A_2 ist nämlich $0 \leqq \log x \leqq x$ und somit

$$0 \leqq g_2(x) \leqq e^{-x} x^{\gamma+n} \qquad \text{für } x \in A_2.$$

Nach dem Majorantenkriterium 12.14 (7) und Beispiel (6) ist daher g_2 über A_2 λ^1-integrierbar.

Schließlich sei erwähnt, daß

(17.9) $$\Gamma\left(\frac{1}{2}\right) = \sqrt{\pi}$$

ist. Den Beweis hierfür erbringen wir in 21.8, Beispiel (5).

§ 18 Vertauschung der Integrationsreihenfolge beim mehrdimensionalen Lebesgue-Maß

In § 8 haben wir gezeigt, wie sich das Lebesgue-Integral über einen kompakten Quader schrittweise auf Integrale über Intervalle zurückführen läßt und daß diese Reduktion von der Reihenfolge der sukzessiven Integrationen unabhängig ist.

Ein entsprechendes Resultat wollen wir nun für die Integration nach dem mehrdimensionalen Lebesgue-Maß beweisen. Wir gehen dabei wie in § 8 vor und zeigen zunächst folgendes Lemma:

18.1 Lemma. *Für jede Funktion $f: \mathbf{R}^{p+q} \to \overline{\mathbf{R}}_+$ gelten die Ungleichungen*

(18.1) $$\int^* \left(\int^* f(x, y)\, \lambda^p(dx)\right) \lambda^q(dy) \leqq \int^* f \, d\lambda^{p+q}$$

und

(18.2) $$\int^* \left(\int^* f(x,y)\,\lambda^q(dy)\right)\lambda^p(dx) \leqq \int^* f\,d\lambda^{p+q}.$$

Beweis. Für $n \in \mathbf{N}$ sei $X_n := [-n, n]^p$ und $Y_n := [-n, n]^q$. Dann gilt für $n, m \in \mathbf{N}$ nach (8.4)

$$\int^*_{Y_n} \left(\int^*_{X_m} f(x,y)\,\lambda_{X_m}(dx)\right)\lambda_{Y_n}(dy) \leqq \int^*_{X_m \times Y_n} f\,d\lambda_{X_m \times Y_n} \leqq \int^* f\,d\lambda^{p+q},$$

also nach (15.3)

$$\begin{aligned}&\int^* \left(\int^*_{X_m} f(x,y)\,\lambda_{X_m}(dx)\right)\lambda^q(dy)\\ &\quad = \sup_{n\in\mathbf{N}} \int^*_{Y_n} \left(\int^*_{X_m} f(x,y)\,\lambda_{X_m}(dx)\right)\lambda_{Y_n}(dy) \leqq \int^* f\,d\lambda^{p+q}\end{aligned}$$

und somit nach dem Satz von der monotonen Konvergenz

$$\begin{aligned}&\int^* \left(\int^* f(x,y)\,\lambda^p(dx)\right)\lambda^q(dy)\\ &= \int^* \left(\sup_{m\in\mathbf{N}} \int^*_{X_m} f(x,y)\,\lambda_{X_m}(dx)\right)\lambda^q(dy)\\ &\quad = \sup_{m\in\mathbf{N}} \int^* \left(\int^*_{X_m} f(x,y)\,\lambda_{X_m}(dx)\right)\lambda^q(dy) \leqq \int^* f\,d\lambda^{p+q}.\end{aligned}$$

Ebenso beweist man die Ungleichung (18.2). □

Für kompakt integrierbare positive Funktionen gilt in (18.1) und (18.2) schärfer das Gleichheitszeichen:

18.2 Satz. *Sei* $f: \mathbf{R}^{p+q} \to \overline{\mathbf{R}}_+$ *kompakt* λ^{p+q}*-integrierbar. Dann gilt:*

(18.3) $$\begin{aligned}\int^* f\,d\lambda^{p+q} &= \int^* \left(\int^* f(x,y)\,\lambda^p(dx)\right)\lambda^q(dy)\\ &= \int^* \left(\int^* f(x,y)\,\lambda^q(dy)\right)\lambda^p(dx).\end{aligned}$$

Beweis. Für $n \in \mathbf{N}$ seien wieder $X_n = [-n, n]^p$ und $Y_n = [-n, n]^q$. Dann gilt nach dem Vertauschungssatz 8.3

$$\begin{aligned}\int_{X_n \times Y_n} f\,d\lambda_{X_n \times Y_n} &= \int_{Y_n} \left(\int^*_{X_n} f(x,y)\,\lambda_{X_n}(dx)\right)\lambda_{Y_n}(dy)\\ &\leqq \int^* \left(\int^*_{X_n} f(x,y)\,\lambda_{X_n}(dx)\right)\lambda^q(dy) \leqq \int^* \left(\int^* f(x,y)\,\lambda^p(dx)\right)\lambda^q(dy)\end{aligned}$$

und somit nach (15.3)

$$\int^* f\,d\lambda^{p+q} \leqq \int^* \left(\int^* f(x,y)\,\lambda^p(dx)\right)\lambda^q(dy).$$

Zusammen mit (18.1) folgt hieraus die erste Gleichheit. Die zweite beweist man analog mit Hilfe von (18.2). □

18.3 Korollar 1. *Sei* $f: \mathbf{R}^{p+q} \to \bar{\mathbf{R}}_+$ λ^{p+q}*-integrierbar. Dann sind die auf* $\mathbf{R}^q$ *bzw.* $\mathbf{R}^p$ *definierten Funktionen*

$$y \mapsto \int^* f(x, y)\, \lambda^p(dx) \qquad \text{und} \qquad x \mapsto \int^* f(x, y)\, \lambda^q(dy)$$

λ^q*- bzw.* λ^p*-integrierbar; es gilt*

$$(18.4) \qquad \begin{aligned} \int f\, d\lambda^{p+q} &= \int \left(\int^* f(x, y)\, \lambda^p(dx)\right) \lambda^q(dy) \\ &= \int \left(\int^* f(x, y)\, \lambda^q(dy)\right) \lambda^p(dx). \end{aligned}$$

Beweis. Wir zeigen jeweils die erste der Behauptungen, die zweite beweist man entsprechend. Aus (18.3) folgt, daß die Funktion $y \mapsto \int^* f(x, y)\, \lambda^p(dx)$ ein endliches Oberintegral bezüglich λ^q besitzt. Definitionsgemäß ist daher nur noch zu zeigen, daß diese Abbildung kompakt λ^q-integrierbar ist.

Gemäß dem im Anschluß an 12.9 Bemerkten genügt es dazu, die Integrierbarkeit über jeden kompakten Quader $Y \subset \mathbf{R}^q$ zu beweisen. Für $y \in \mathbf{R}^q$ gilt nach dem Korollar 15.2 zum Satz von B. Levi

$$\int^* f(x, y)\, \lambda^p(dx) = \sup_{n \in \mathbf{N}} \int_{X_n}^* f(x, y)\, \lambda_{X_n}(dx),$$

wenn dabei wieder X_n den kompakten Quader $[-n, n]^p$ im $\mathbf{R}^p$ bezeichnet. Nach (8.3) ist $y \mapsto \int_{X_n}^* f(x, y)\, \lambda_{X_n}(dx)$ über Y λ_Y-integrierbar. Der Konvergenzsatz 7.2 zeigt dann, daß auch $y \mapsto \int^* f(x, y)\, \lambda^p(dx)$ über Y λ_Y-integrierbar ist, da

$$\begin{aligned} &\sup_{n \in \mathbf{N}} \int_Y \left(\int_{X_n}^* f(x, y)\, \lambda_{X_n}(dx)\right) \lambda_Y(dy) \\ &\quad = \sup_{n \in \mathbf{N}} \int_{X_n \times Y} f\, d\lambda_{X_n \times Y} \leqq \int f\, d\lambda^{p+q} < \infty. \quad \square \end{aligned}$$

Analog zum kompakten Fall bezeichnen wir für eine numerische Funktion f auf $\mathbf{R}^{p+q}$ und $x \in \mathbf{R}^p$ bzw. $y \in \mathbf{R}^q$ mit f^x bzw. ${}^y f$ die auf $\mathbf{R}^q$ bzw. $\mathbf{R}^p$ definierte Funktion $y \mapsto f(x, y)$ bzw. $x \mapsto f(x, y)$.

Ist f λ^{p+q}-integrierbar, so läßt sich $\int f\, d\mu$ als Differenz der in (18.4) auftretenden Doppelintegrale von f^+ und f^- ausdrücken. Insbesondere gilt der folgende *Vertauschungssatz:*

18.4 Korollar 2. *Sei* $f:\mathbf{R}^{p+q}\to\bar{\mathbf{R}}$ *eine* λ^{p+q}*-integrierbare Funktion. Sind dann für alle* $y\in\mathbf{R}^q$ *bzw. alle* $x\in\mathbf{R}^p$ *die Funktionen* ${}^y f$ *bzw.* f^x λ^p*- bzw.* λ^q*-integrierbar, so sind auch die Funktionen*

$$y\mapsto\int f(x,y)\,\lambda^p(dx)$$

λ^q*-integrierbar und*

$$x\mapsto\int f(x,y)\,\lambda^q(dy)$$

λ^p*-integrierbar, und es gilt*

$$\int f\,d\lambda^{p+q}=\int\Big(\int f(x,y)\,\lambda^p(dx)\Big)\lambda^q(dy) \tag{18.5}$$

sowie

$$\int f\,d\lambda^{p+q}=\int\Big(\int f(x,y)\,\lambda^q(dy)\Big)\lambda^p(dx). \tag{18.6}$$

Der folgende Satz zeigt, daß wie im kompakten Fall das Tensorprodukt integrierbarer Funktionen integrierbar ist:

18.5 Satz. $f:\mathbf{R}^p\to\bar{\mathbf{R}}$ *sei* λ^p*-integrierbar und* $g:\mathbf{R}^q\to\bar{\mathbf{R}}$ *sei* λ^q*-integrierbar. Dann ist das auf* $\mathbf{R}^{p+q}$ *durch*

$$(x,y)\mapsto f(x)g(y)$$

definierte Tensorprodukt $f\otimes g$ λ^{p+q}*-integrierbar, und es gilt*

$$\int f\otimes g\,d\lambda^{p+q}=\int f\,d\lambda^p\cdot\int g\,d\lambda^q. \tag{18.7}$$

Beweis. Wegen $f\otimes g=f^+\otimes g^+-f^+\otimes g^--f^-\otimes g^++f^-\otimes g^-$ kann $f,g\geqq 0$ angenommen werden. Nach 8.4 und der an 12.9 anschließenden Bemerkung ist $f\otimes g$ kompakt λ^{p+q}-integrierbar, und nach dem Satz von B. Levi gilt:

$$\begin{aligned}\int^* f\otimes g\,d\lambda^{p+q}&=\sup_{n\in\mathbf{N}}\int_{X_n\times Y_n} f\otimes g\,d\lambda_{X_n\times Y_n}\\ &=\lim_{n\to\infty}\Big(\int_{X_n} f\,d\lambda_{X_n}\cdot\int_{Y_n} g\,d\lambda_{Y_n}\Big)=\lim_{n\to\infty}\int_{X_n} f\,d\lambda_{X_n}\cdot\lim_{n\to\infty}\int_{Y_n} g\,d\lambda_{Y_n}\\ &=\int f\,d\lambda^p\cdot\int g\,d\lambda^q<+\infty,\end{aligned}$$

wenn dabei wieder $X_n=[-n,n]^p$ und $Y=[-n,n]^q$ gesetzt wird. Folglich ist $f\otimes g$ λ^{p+q}-integrierbar, und das Integral läßt sich gemäß (18.7) berechnen. □

Wir wenden nun die vorangehenden Sätze auf Indikatorfunktionen an.

18.6 Korollar. *Sind $A \subset \mathbf{R}^p$ bzw. $B \subset \mathbf{R}^q$ λ^p- bzw. λ^q-integrierbare Mengen, so ist $A \times B$ λ^{p+q}-integrierbar, und es gilt*

$$\lambda^{p+q}(A \times B) = \lambda^p(A)\,\lambda^q(B). \tag{18.8}$$

Der Beweis folgt wegen $1_{A\times B} = 1_A \otimes 1_B$ sofort aus 18.5.

Für $x \in \mathbf{R}^p$ bzw. $y \in \mathbf{R}^q$ und jede Teilmenge A des $\mathbf{R}^{p+q}$ bezeichnen wir mit

$$A^x := \{y \in \mathbf{R}^q : (x, y) \in A\}$$

den *x-Schnitt* von A bzw. mit

$${}^yA := \{x \in \mathbf{R}^p : (x, y) \in A\}$$

den *y-Schnitt* von A. Dann ist

$$1_{A^x} = (1_A)^x \quad \text{und} \quad 1_{{}^yA} = {}^y(1_A).$$

18.2 und 18.3 liefern daher den folgenden *Schnittmengensatz:*

18.7 Satz. *Sei $A \subset \mathbf{R}^{p+q}$ eine λ^{p+q}-meßbare Menge. Dann gilt:*

$$\begin{aligned}(\lambda^{p+q})^*(A) &= \textstyle\int^* (\lambda^p)^*({}^yA)\,\lambda^q(dy)\\ &= \textstyle\int^* (\lambda^q)^*(A^x)\,\lambda^p(dx).\end{aligned} \tag{18.9}$$

Ist überdies A λ^{p+q}-integrierbar, so sind die Funktionen

$$y \mapsto (\lambda^p)^*({}^yA) \quad \textit{bzw.} \quad x \mapsto (\lambda^q)^*(A^x)$$

λ^q- bzw. λ^p-integrierbar, und es gilt

$$\lambda^{p+q}(A) = \int (\lambda^p)^*({}^yA)\,\lambda^q(dy) = \int (\lambda^q)^*(A^x)\,\lambda^p(dx).$$

Aus 18.7 ergibt sich unmittelbar das folgende Korollar, welches als *Cavalierisches Prinzip* bezeichnet wird. Es besagt, daß das äußere Maß zweier meßbarer Mengen übereinstimmt, wenn das äußere Maß aller entsprechenden Schnittmengen übereinstimmt.

18.8 Korollar. *A und B seien λ^{p+q}-meßbare Teilmengen von $\mathbf{R}^{p+q}$. Gilt dann*

$$(\lambda^q)^*(A^x) = (\lambda^q)^*(B^x) \qquad \textit{für alle } x \in \mathbf{R}^p$$

oder

$$(\lambda^p)^*({}^yA) = (\lambda^p)^*({}^yB) \qquad \textit{für alle } y \in \mathbf{R}^q,$$

so ist

$$(\lambda^{p+q})^*(A) = (\lambda^{p+q})^*(B).$$

18.9 Bemerkung. Sei π eine Permutation von $\{1, \ldots, p+q\}$ und φ die durch $(t_1, \ldots, t_{p+q}) \mapsto (t_{\pi(1)}, \ldots, t_{\pi(p+q)})$ definierte Homöomorphie des $\mathbf{R}^{p+q}$ auf sich. Für jede Funktion $f: \mathbf{R}^{p+q} \to \overline{\mathbf{R}}_+$ ist dann

$$\begin{aligned} &\int^* f(t_1, \ldots, t_{p+q})\, \lambda^{p+q}(d(t_1, \ldots, t_{p+q})) \\ &\quad = \int^* f(t_1, \ldots, t_{p+q})\, \lambda^{p+q}\big(d(t_{\pi(1)}, \ldots, t_{\pi(p+q)})\big). \end{aligned}$$

Eine numerische Funktion f auf $\mathbf{R}^{p+q}$ ist genau dann λ^{p+q}-integrierbar, wenn $f \circ \varphi^{-1}$ λ^{p+q}-integrierbar ist. Dies folgt sofort aus der entsprechenden Gleichheit (8.8) im kompakten Fall.

Wie dort sieht man daher ein, daß die aufeinanderfolgenden Integrationen in den vorangehenden Sätzen nicht nur zunächst nach den ersten p und dann nach den letzten q Variablen, sondern sogar nach beliebigen p und dann nach den restlichen q Variablen durchgeführt werden dürfen.

§ 19 Anwendungen des Schnittmengensatzes

Der Schnittmengensatz 18.7 gestattet eine Reihe interessanter Anwendungen, die sämtlich die Berechnung des λ^p-Maßes gewisser λ^p-integrierbarer Teilmengen A des $\mathbf{R}^p$ zum Gegenstand haben. Das Maß $\lambda^p(A)$ nennt man dabei im Einklang mit den bisherigen Ergebnissen oft auch das *p-dimensionale Volumen* der Menge $A \subset \mathbf{R}^p$.

Ein erstes Beispiel hierfür ist die Berechnung des p-dimensionalen Volumens einer Kugel im $\mathbf{R}^p$.

19.1 Beispiele. (1) Es soll das Lebesgue-Maß der abgeschlossenen p-dimensionalen Kugel $K_r'(a)$ mit Mittelpunkt $a \in \mathbf{R}^p$ und Radius $r > 0$ berechnet werden. Wir behaupten

$$\lambda^p(K_r'(a)) = \alpha_p r^p \qquad (p = 1, 2, \ldots), \tag{19.1}$$

wobei sich der Koeffizient α_p zu

$$\begin{aligned} \alpha_{2k} &= \frac{1}{k!}\pi^k \\ \alpha_{2k+1} &= \frac{2^{k+1}}{1 \cdot 3 \cdot \ldots \cdot (2k+1)}\pi^k = \frac{2^{2k+1}k!}{(2k+1)!}\pi^k \end{aligned} \tag{19.2}$$

für $k = 0, 1, \ldots$ ergeben wird. Offenbar ist dann α_p das p-dimensionale Volumen jeder abgeschlossenen Kugel vom Radius 1.

Die unterschiedliche Darstellung von α_p für gerade und ungerade Dimensionen läßt sich mit Hilfe der Gamma-Funktion vermeiden. Es gilt nämlich

$$\alpha_p = \frac{\pi^{p/2}}{\Gamma\left(\frac{p}{2} + 1\right)} \qquad (p = 1, 2, \ldots). \tag{19.3}$$

Beweis. Wir führen den Beweis von (19.1), d.h. den Beweis für die Existenz reeller Zahlen α_p, welche die Gleichheit (19.1) für alle $p = 1, 2, \ldots$ sowie für alle $r > 0$ und alle $a \in \mathbf{R}^p$ erfüllen, durch vollständige Induktion nach der Dimension p. Hierdurch wird sich eine Reduktionsformel für die Koeffizienten α_p und aus dieser (19.2) ergeben.

1. Für $p = 1$ ist $K_r'(a)$ das kompakte Intervall $[a - r, a + r]$ und somit $\lambda^p(K_r'(a)) = 2r$. Also gilt (19.1) für $p = 1$ mit

$$\alpha_1 = 2.$$

Für den Induktionsschluß von p auf $p + 1$ sei K die $(p + 1)$-dimensionale abgeschlossene Kugel um $a = (a_1, \ldots, a_{p+1}) \in \mathbf{R}^{p+1}$ vom Radius $r > 0$, ferner sei $A := [a_{p+1} - r, a_{p+1} + r]$. Für jede Zahl $y \in A$ ist der y-Schnitt von K die p-dimensionale Kugel $K'_{r_y}(a_y)$ um $a_y = (a_1, \ldots, a_p)$ vom Radius $r_y = \sqrt{r^2 - (y - a_{p+1})^2}$, da

$$ {}^yK = \{(x_1, \ldots, x_p) \in \mathbf{R}^p : \sum_{i=1}^{p} (x_i - a_i)^2 + (y - a_{p+1})^2 \leqq r^2\} $$

$$ = \{(x_1, \ldots, x_p) \in \mathbf{R}^p : \sum_{i=1}^{p} (x_i - a_i)^2 \leqq r_y^2\}. $$

Für Zahlen $y \in \mathbf{R} \setminus A$ ist dagegen ${}^yK$ die leere Menge. Nach dem Schnittmengensatz gilt daher

$$ \lambda^{p+1}(K) = \int \lambda^p({}^yK)\, \lambda^1(dy) = \int_A \lambda^p\left(K'_{r_y}(a_y)\right) \lambda^1(dy), $$

also nach Induktionsvoraussetzung

$$ \lambda^{p+1}(K) = \int_{a_{p+1}-r}^{a_{p+1}+r} \alpha_p r_y^p \, dy = \alpha_p \int_{a_{p+1}-r}^{a_{p+1}+r} (r^2 - (y - a_{p+1})^2)^{p/2} \, dy. $$

Die Substitution $y = a_{p+1} + r \sin\varphi$ mit $\varphi \in \left[-\frac{\pi}{2}, \frac{\pi}{2}\right]$ liefert schließlich

$$ \lambda^{p+1}(K) = \alpha_p \int_{-\pi/2}^{\pi/2} r^p (1 - \sin^2\varphi)^{p/2} r \cos\varphi \, d\varphi $$

$$ = \alpha_p r^{p+1} \int_{-\pi/2}^{\pi/2} \cos^{p+1}\varphi \, d\varphi. $$

Somit ist in der Tat $\lambda^{p+1}(K) = \alpha_{p+1} r^{p+1}$, und zwar mit

$$ (19.4) \qquad \alpha_{p+1} = \alpha_p \beta_{p+1} \qquad \text{und} \qquad \beta_p := \int_{-\pi/2}^{\pi/2} \cos^p \varphi \, d\varphi. $$

2. Die für alle $p = 0, 1, \ldots$ definierten Zahlen β_p lassen sich leicht berechnen. Partielle Integration ergibt nämlich

$$ \beta_{p+2} = \int_{-\pi/2}^{\pi/2} \cos^{p+1}\varphi \cos\varphi \, d\varphi = \left[\cos^{p+1}\varphi \sin\varphi\right]_{-\pi/2}^{\pi/2} $$

$$ + \int_{-\pi/2}^{\pi/2} (p+1) \cos^p\varphi \sin^2\varphi \, d\varphi = (p+1)\beta_p - (p+1)\beta_{p+2}, $$

also

$$\beta_{p+2} = \frac{p+1}{p+2}\beta_p \qquad (p = 0, 1, \ldots).$$

Diese Rekursionsformel liefert für alle $k = 0, 1, \ldots$

$$\beta_0 = \pi,\ \beta_2 = \frac{1}{2}\pi,\ \beta_4 = \frac{1}{2}\cdot\frac{3}{4}\pi, \ldots,$$

$$\beta_{2k} = \frac{1\cdot 3\cdot\ldots\cdot(2k-1)}{2\cdot 4\cdot\ldots\cdot(2k)}\pi;$$

$$\beta_1 = 2,\ \beta_3 = \frac{2}{3}\cdot 2,\ \beta_5 = \frac{2}{3}\cdot\frac{4}{5}\cdot 2, \ldots,$$

$$\beta_{2k+1} = \frac{2\cdot 4\cdot\ldots\cdot(2k)}{3\cdot 5\cdot\ldots\cdot(2k+1)}\cdot 2.$$

3. Durch vollständige Induktion läßt sich auch noch (19.2) aus (19.4) herleiten. Für $p = 1$ gilt die entsprechende Formel in (19.2), da wir bereits wissen, daß $\alpha_1 = 2$ ist. Gilt sie für ein $p \in \mathbf{N}$, so auch für $p + 1$. Ist nämlich $p = 2k$ gerade, so ist $\alpha_p = \frac{1}{k!}\pi^k$, also

$$\begin{aligned}\alpha_{p+1} &= \alpha_{2k+1} = \alpha_p\beta_{p+1} = \frac{1}{k!}\pi^k\,\frac{2\cdot 4\cdot\ldots\cdot(2k)}{3\cdot 5\cdot\ldots\cdot(2k+1)}\cdot 2\\ &= \frac{2^{k+1}}{1\cdot 3\cdot\ldots\cdot(2k+1)}\pi^k.\end{aligned}$$

Ist $p = 2k+1$ ungerade, so ist $\alpha_p = \frac{2^{k+1}}{1\cdot 3\cdot\ldots\cdot(2k+1)}\pi^k$ und somit

$$\begin{aligned}\alpha_{p+1} &= \alpha_{2k+2} = \alpha_p\beta_{p+1}\\ &= \frac{2^{k+1}}{1\cdot 3\cdot\ldots\cdot(2k+1)}\pi^k\cdot\frac{1\cdot 3\cdot\ldots\cdot(2k+1)}{2\cdot 4\cdot\ldots\cdot(2k+2)}\pi\\ &= \frac{1}{(k+1)!}\pi^{k+1}.\end{aligned}$$

4. Schließlich folgt (19.3) aus (19.2). Nach (17.5) gilt nämlich $\Gamma(x+1) = x\Gamma(x)$ für alle $x > 0$. Für $p = 2k+1$ mit

k = 0, 1, … ergibt sich hieraus

$$\Gamma\left(\frac{p}{2}+1\right)=\Gamma\left(k+\frac{1}{2}+1\right)=\left(k+\frac{1}{2}\right)\Gamma\left(k+\frac{1}{2}\right)$$
$$=\ldots=\frac{1}{2}\left(1+\frac{1}{2}\right)\cdot\ldots\cdot\left(k+\frac{1}{2}\right)\Gamma\left(\frac{1}{2}\right)$$
$$=\frac{1\cdot 3\cdot\ldots\cdot(2k+1)}{2^{k+1}}\Gamma\left(\frac{1}{2}\right),$$

also wegen (17.9)

$$\Gamma\left(\frac{p}{2}+1\right)=\frac{1\cdot 3\cdot\ldots\cdot(2k+1)}{2^{k+1}}\sqrt{\pi}.$$

Hieraus aber folgt

$$\alpha_p=\alpha_{2k+1}=\frac{\pi^k\sqrt{\pi}}{\Gamma\left(\frac{p}{2}+1\right)}=\frac{\pi^{p/2}}{\Gamma\left(\frac{p}{2}+1\right)}.$$

Im Fall $p=2k$ mit $k=1,2,\ldots$ ist $\Gamma\left(\frac{p}{2}+1\right)=\Gamma(k+1)=k!$, wie wir aus (17.6) wissen. Aus (19.2) folgt daher ebenfalls

$$\alpha_p=\alpha_{2k}=\frac{1}{k!}\pi^k=\frac{\pi^{p/2}}{\Gamma\left(\frac{p}{2}+1\right)}.\quad\square$$

(2) Auch für die offene Kugel $K_r(a)$ um $a\in\mathbf{R}^p$ mit Radius $r>0$ gilt

$$(19.5)\qquad \lambda^p(K_r(a))=\alpha_p r^p \quad\text{mit}\quad \alpha_p=\frac{\pi^{p/2}}{\Gamma\left(\frac{p}{2}+1\right)}.$$

Dies lehrt eine naheliegende, leichte Modifikation des obigen Beweises. Es folgt aber auch aus der nachfolgenden allgemeineren Betrachtung (vgl. 19.4, Beispiel (2)).

Wie üblich bezeichnet man als *Graph* einer auf einer Menge $A\subset\mathbf{R}^p$ definierten reellen Funktion $f: A\to\mathbf{R}$ die Teilmenge

(19.6) $$G_f := \{(x, f(x)) : x \in A\}$$

des $\mathbf{R}^{p+1}$. Wir behaupten, daß für über A kompakt λ^p-integrierbares f der Graph G_f eine λ^{p+1}-Nullmenge ist.

Dies folgt sofort aus dem Schnittmengensatz 18.7, wenn die λ^{p+1}-Meßbarkeit von G_f bewiesen ist. Da dieser Nachweis auf direktem Wege Schwierigkeiten bereitet, gehen wir etwas anders vor. Das folgende Lemma wird uns dabei und an späterer Stelle hilfreich sein.

19.2 Lemma. *Sei X eine abgeschlossene Teilmenge des $\mathbf{R}^p$. Dann ist für je zwei Funktionen $g \in \mathscr{H}^o(X)$ und $h \in \mathscr{H}^u(X)$ die Menge*

(19.7) $$Z(g, h) := \{(x, y) \in X \times \mathbf{R} : g(x) < y < h(x)\}$$

eine λ^{p+1}-meßbare Teilmenge des $\mathbf{R}^{p+1}$. Im Fall $g \leqq h$ gilt

(19.8) $$(\lambda^{p+1})^* (Z(g, h)) = \int_X^* (h - g)\, d\lambda^p.$$

Beweis. Aus der Halbstetigkeit der Funktionen g und h folgt sofort, daß die Mengen

$$\{(x, y) \in X \times \mathbf{R} : g(x) < y\} \quad \text{und} \quad \{(x, y) \in X \times \mathbf{R} : y < h(x)\}$$

offen in $X \times \mathbf{R}$ sind. Daher ist auch $Z(g, h)$ als Durchschnitt dieser beiden Mengen offen in $X \times \mathbf{R}$, also Durchschnitt einer in $\mathbf{R}^{p+1}$ offenen Menge Z_0 mit $X \times \mathbf{R}$. Aus der Abgeschlossenheit von X in $\mathbf{R}^p$ folgt die Abgeschlossenheit von $X \times \mathbf{R}$ in $\mathbf{R}^{p+1}$. Nach 13.2 sind somit Z_0 und $X \times \mathbf{R}$ λ^{p+1}-meßbar, also ist auch $Z(g, h) = Z_0 \cap (X \times \mathbf{R})$ eine λ^{p+1}-meßbare Menge. Der Rest der Behauptung folgt aus dem Schnittmengensatz 18.7. Für jedes $x \in \mathbf{R}^p$ ist nämlich der x-Schnitt von $Z(g, h)$ im Fall $g \leqq h$ gleich $]g(x), h(x)[$ für $x \in X$ und gleich der leeren Menge für $x \in \mathbf{R}^p \setminus X$. Wir erhalten daher als äußeres λ^{p+1}-Maß von $Z(g, h)$ den Wert

$$\int_X^* \lambda^1 (]g(x), h(x)[)\, \lambda^p(dx) = \int_X^* (h - g)\, d\lambda^p. \quad \square$$

Nun ergibt sich wie angekündigt:

19.3 Satz. *Sei $f: A \to \mathbf{R}$ eine über $A \subset \mathbf{R}^p$ kompakt λ^p-integrierbare reelle Funktion. Dann ist ihr Graph G_f eine λ^{p+1}-Nullmenge.*

Beweis. Nach Voraussetzung ist f_A eine über $\mathbf{R}^p$ kompakt λ^p-integrierbare Funktion. Für deren Graph gilt offenbar

$$G_{f_A} = G_f \cup (\complement A \times \{0\}).$$

Die Menge $\complement A \times \{0\}$ ist Teilmenge der Hyperebene des $\mathbf{R}^{p+1}$ mit der Gleichung $x_{p+1} = 0$, also nach 14.2, Beispiel (2) eine λ^{p+1}-Nullmenge. Folglich stimmen die äußeren λ^{p+1}-Maße von G_f und G_{f_A} überein. Es genügt daher, die Behauptung für den Fall $A = \mathbf{R}^p$ zu beweisen. Hierfür genügt es aber zu zeigen, daß der Graph G_{f_0} der Restriktion f_0 von f auf eine beliebige kompakte Menge $X \subset \mathbf{R}^p$ eine λ^{p+1}-Nullmenge ist.

Nach dem Integrabilitätskriterium 5.8 existieren zu jeder reellen Zahl $\varepsilon > 0$ Funktionen $g \in \mathscr{H}^o(X)$ und $h \in \mathscr{H}^u(X)$ mit $g \leqq f_0 \leqq h$ und $\int_X^* (h-g)\, d\lambda^p < \varepsilon$. Die Funktion $g - \varepsilon$ bzw. $h + \varepsilon$ liegt in $\mathscr{H}^o(X)$ bzw. $\mathscr{H}^u(X)$, und es gilt $G_{f_0} \subset Z(g - \varepsilon, h + \varepsilon)$ für die in (19.7) definierte Menge Z. Aus (19.8) folgt daher

$$(\lambda^{p+1})^*(G_{f_0}) \leqq \int_X^* (h - g + 2\varepsilon)\, d\lambda^p \leqq \varepsilon + 2\varepsilon \lambda^p(X).$$

Wegen der Endlichkeit von $\lambda^p(X)$ ist daher G_{f_0} eine λ^{p+1}-Nullmenge. □

19.4 Beispiele. (1) Jedes *p-dimensionale Flächenstück* über dem $\mathbf{R}^p$, d. h. der Graph einer jeden stetigen reellen Funktion f, welche auf einem Gebiet im $\mathbf{R}^p$ oder dem Abschluß eines solchen Gebietes definiert ist, ist eine λ^{p+1}-Nullmenge. Der Definitionsbereich von f ist nämlich in beiden Fällen Vereinigung einer Folge kompakter Mengen. Daher ist der Graph von f die Vereinigung einer Folge von Graphen, welche gemäß 19.3 sämtlich Nullmengen sind.

(2) Für jeden Punkt $a \in \mathbf{R}^p$ und jedes reelle $r > 0$ ist die Sphäre $S_r(a) \subset \mathbf{R}^p$, d. h. die Menge aller Punkte des $\mathbf{R}^p$, welche von a den Abstand r haben, eine λ^p-Nullmenge. $S_r(a)$ ist nämlich

im Fall $p > 1$ die Vereinigung von zwei $(p-1)$-dimensionalen Flächenstücken über dem $\mathbf{R}^{p-1}$. Diese werden durch

$$x' \mapsto a_p + \sqrt{r^2 - \|x' - a'\|^2}$$

bzw.

$$x' \mapsto a_p - \sqrt{r^2 - \|x' - a'\|^2}$$

auf der $(p-1)$-dimensionalen abgeschlossenen Kugel um a' vom Radius r definiert. (Dabei bezeichnen wir mit $a_1, \ldots, a_p$ die Koordinaten von a und mit a' den Punkt $(a_1, \ldots, a_{p-1}) \in \mathbf{R}^{p-1}$.) Im Fall $p = 1$ ist $S_r(a) = \{a - r, a + r\}$ zweipunktig, also ebenfalls eine λ^p-Nullmenge.

Offenbar ist die abgeschlossene Kugel $K_r'(a)$ gleich der Vereinigung der offenen Kugel $K_r(a)$ mit der Sphäre $S_r(a)$. Folglich ist

$$\lambda^p(K_r'(a)) = \lambda^p(K_r(a)).$$

Daher folgt aus (19.1) auch direkt (19.5).

(3) Jede (affine) Hyperebene H im $\mathbf{R}^p$ (und damit auch jede ihrer Teilmengen) ist eine λ^p-Nullmenge. Es gilt nämlich

$$H = \left\{(x_1, \ldots, x_p) \in \mathbf{R}^p : \sum_{i=1}^{p} \gamma_i x_i = \gamma_0\right\},$$

wobei $\gamma_0, \ldots, \gamma_p$ reelle Zahlen sind, von denen $\gamma_1, \ldots, \gamma_p$ nicht sämtlich verschwinden. Für $p = 1$ ist die Behauptung evident, da H einpunktig ist. Für $p > 1$ und $\gamma_p \neq 0$ folgt sie aus Beispiel (1), da H ein Flächenstück über $\mathbf{R}^{p-1}$ ist. Für $p > 1$ und $\gamma_p = 0$ ist die Behauptung dann wegen der Bemerkung 18.9 ebenfalls richtig.

Wir kommen nun zum Hauptziel dieses Paragraphen, nämlich zur Lösung der zu Beginn von Kapitel I formulierten Aufgabe 2. Dabei wird das λ^p-Integral einer positiven numerischen Funktion als $(p+1)$-dimensionales Volumen einer geeigneten Teilmenge des $\mathbf{R}^{p+1}$, nämlich der Ordinatenmenge, interpretiert.

19.5 Definition. *Sei $f: A \to \overline{\mathbf{R}}_+$ eine positive numerische Funk-*

tion, welche auf einer Teilmenge A des $\mathbf{R}^p$ definiert ist. Dann heiße

$$(19.9)\qquad O_f := \{(x, y) \in \mathbf{R}^p \times \mathbf{R} : x \in A,\ 0 \leqq y \leqq f(x)\}$$

die Ordinatenmenge von f.

Definitionsgemäß ist O_f eine Teilmenge des $\mathbf{R}^{p+1}$. Bevor wir den allgemeinsten Fall ansteuern, behandeln wir den Fall einer beschränkten Funktion mit einer kompakten Definitionsmenge.

19.6 Lemma. *Sei K eine kompakte Teilmenge des $\mathbf{R}^p$ und sei $f: K \to \mathbf{R}_+$ eine über K λ^p-integrierbare beschränkte positive Funktion. Dann ist die Ordinatenmenge O_f von f λ^{p+1}-integrierbar und*

$$(19.10)\qquad \lambda^{p+1}(O_f) = \int_K f\, d\lambda^p .$$

Beweis. Gemäß 14.7 ist die λ^p-Integrierbarkeit von f über K äquivalent zur λ_K^p-Integrierbarkeit; außerdem gilt $\int_K f\, d\lambda^p = \int f\, d\lambda_K^p$. Nach dem Integrabilitätskriterium 5.8 existieren daher zu $\varepsilon > 0$ λ_K^p-integrierbare Funktionen $g \in \mathscr{H}^o(K)$ und $h \in \mathscr{H}^u(K)$ mit $g \leqq f \leqq h$ und

$$\int h\, d\lambda_K^p - \int g\, d\lambda_K^p < \varepsilon .$$

Wegen $f \geqq 0$ kann zusätzlich $g \geqq 0$ angenommen werden; man hat nur g durch g^+ zu ersetzen. Ebenso kann $h \leqq \alpha$ angenommen werden, wenn α eine obere Schranke von f ist. I bezeichne das Intervall $[0, \alpha]$. Aus $0 \leqq g \leqq f \leqq h$ folgt $O_g \subset O_f \subset O_h \subset K \times I$ und somit

$$\begin{aligned}\int g\, d\lambda_K^p = \lambda_{K\times I}^{p+1}(O_g) &\leqq (\lambda_{K\times I}^{p+1})_*(O_f)\\ &\leqq (\lambda_{K\times I}^{p+1})^*(O_f) \leqq \lambda_{K\times I}^{p+1}(O_h) = \int h\, d\lambda_K^p ,\end{aligned}$$

sofern die Behauptung für g und h richtig ist. Da außerdem

$$\int g\, d\lambda_K^p \leqq \int f\, d\lambda_K^p \leqq \int h\, d\lambda_K^p$$

gilt, unterscheiden sich die drei Zahlen $\int f\, d\lambda_K^p$, $(\lambda_{K\times I}^{p+1})_*(O_f)$ und $(\lambda_{K\times I}^{p+1})^*(O_f)$ um weniger als ε. Da $\varepsilon > 0$ beliebig gewählt war, folgt somit die $\lambda^{p+1}_{K\times I}$-Integrierbarkeit von O_f, also gemäß 14.7 die λ^{p+1}-Integrierbarkeit von O_f und die Gültigkeit von (19.10).

Diese Überlegung zeigt, daß es genügt, die Behauptung für beschränkte über K λ^p-integrierbare Funktionen $f \in \mathscr{H}^o_+(K) \cup \mathscr{H}^u_+(K)$ zu beweisen. Sei zunächst $f \in \mathscr{H}^o_+(K)$. Dann gilt mit der in (19.7) definierten Menge Z

$$O_f = K \times \mathbf{R}_+ \setminus Z(f, h),$$

wenn h die konstante Funktion ∞ auf K bezeichnet. Da $K \times \mathbf{R}_+$ abgeschlossen in $\mathbf{R}^{p+1}$ ist, folgt aus Lemma 19.2 die λ^{p+1}-Meßbarkeit von O_f. Der Schnittmengensatz liefert dann die Formel (19.10), da offenbar

$$O_f^x = \begin{cases} [0, f(x)], & x \in K \\ \emptyset & , x \in \mathbf{R}^p \setminus \mathrm{K} \end{cases},$$

also $\lambda^1(O_f^x) = f_K(x)$ für alle $x \in \mathbf{R}^p$ gilt.

Für eine über K λ^p-integrierbare beschränkte Funktion $f \in \mathscr{H}^u_+(K)$ schließen wir ähnlich: Der Graph G_f von f ist nach 19.3 eine λ^{p+1}-Nullmenge. Als Teilmenge der Hyperebene mit der Gleichung $x_{p+1} = 0$ ist auch

$$N := \{(x, 0) : x \in K\}$$

eine λ^{p+1}-Nullmenge. Offenbar gilt

$$O_f = Z(0, f) \cup N \cup G_f.$$

Gemäß 19.2 ist daher O_f λ^{p+1}-meßbar mit

$$(\lambda^{p+1})^*\bigl(Z(0, f)\bigr) = \int_K^* f \, d\lambda^p = \int_K f \, d\lambda^p$$

als äußerem λ^{p+1}-Maß. Somit ist das äußere Maß von O_f endlich, also O_f λ^{p+1}-integrierbar mit $\int_K f \, d\lambda^p$ als Maß. Die Behauptung gilt also auch in diesem Fall. □

Nun ist es leicht, sich auch noch von der Voraussetzung der Kompaktheit des Definitionsbereichs und der Beschränktheit von f zu befreien. Wir erhalten so abschließend die folgenden geometrischen Interpretationen des Integrals als mehrdimensionales Volumen.

19.7 Satz. *Sei A eine beliebige Teilmenge des* $\mathbf{R}^p$ *und sei* $f: A \to \bar{\mathbf{R}}_+$ *eine über A kompakt λ^p-integrierbare positive numerische Funktion. Dann ist die Ordinatenmenge von f λ^{p+1}-meßbar, und es gilt*

$$(\lambda^{p+1})^*(\mathrm{O}_f) = \int_A^* f \, d\lambda^p. \tag{19.11}$$

Beweis. Analog zum Beginn des Beweises von Satz 19.3 überlegt man sich, daß es genügt, die Behauptung für den Fall $A = \mathbf{R}^p$ zu beweisen. Es ist nämlich O_f eine Teilmenge von O_{f_A} und $\mathrm{O}_{f_A} \setminus \mathrm{O}_f$ als Teilmenge einer Hyperebene eine Nullmenge. Meßbarkeit und äußeres Maß ändern sich also nicht beim Übergang von O_{f_A} zu O_f. Für $n \in \mathbf{N}$ bezeichne dann K_n den kompakten Quader $[-n, n]^p$ und f_n die Restriktion von $\inf(f, n)$ auf K_n. Auf jedes f_n kann Lemma 19.6 angewandt werden. Danach ist jede der Mengen O_{f_n} λ^{p+1}-integrierbar und

$$\lambda^{p+1}(\mathrm{O}_{f_n}) = \int_{K_n} f_n \, d\lambda^p = \int (f_n)_{K_n} \, d\lambda^p.$$

Dann aber ist $\mathrm{O}_f = \bigcup \mathrm{O}_{f_n}$ eine λ^{p+1}-meßbare Menge, für die wegen der Isotonie der Folgen (O_{f_n}) und $\big((f_n)_{K_n}\big)$ durch Übergang zum Supremum die Gleichheit

$$(\lambda^{p+1})^*(\mathrm{O}_f) = \int^* f \, d\lambda^p$$

(gemäß 15.2 (1) und 15.1 (1)) folgt. □

19.8 Korollar. *Sei A eine beliebige Teilmenge des* $\mathbf{R}^p$ *und sei* $f: A \to \bar{\mathbf{R}}_+$ *eine über A λ^p-integrierbare positive numerische Funktion. Dann ist die Ordinatenmenge von f λ^{p+1}-integrierbar, und es gilt*

$$\lambda^{p+1}(\mathrm{O}_f) = \int_A f \, d\lambda^p. \tag{19.12}$$

Dies ist eine unmittelbare Folgerung aus dem vorausgehenden Satz, da die rechte Seite von (19.11) gleich $\int_A f \, d\lambda^p$ und somit insbesondere endlich, also O_f eine λ^{p+1}-integrierbare Menge ist.

§ 20 Der Transformationssatz

Nach der bekannten, in unserer Darstellung zuletzt in 19.1, Beispiel (1) verwendeten *Substitutionsregel* läßt sich in Integralen $\int_a^b f(t)\,dt$ mit stetigem Integranden eine neue Integrationsvariable mit Hilfe von Variablentransformationen einführen. Diese Regel besagt für eine stetig differenzierbare, auf einem Intervall $I \subset \mathbf{R}$ definierte Funktion $\varphi : I \to \mathbf{R}$ und jede stetige reelle Funktion f auf dem Intervall $\varphi(I)$, daß

(20.1) $$\int_{\varphi(\alpha)}^{\varphi(\beta)} f(t)\,dt = \int_\alpha^\beta f(\varphi(x))\varphi'(x)\,dx$$

für beliebige $\alpha, \beta \in I$ gilt. In diesem Paragraphen soll die Regel in geeigneter Form auf den mehrdimensionalen Fall übertragen werden.

Hierzu geben wir der Regel im eindimensionalen Fall zunächst eine etwas andere Form. Da Differenzierbarkeit bei Funktionen von mehreren Veränderlichen zweckmäßigerweise nur für einen offenen Definitionsbereich erklärt wird, sei hierzu I jetzt ein offenes (nicht-leeres) Intervall der Zahlengeraden und $\varphi : I \to \mathbf{R}$ stetig differenzierbar und injektiv, also (nach der Zwischenwerteigenschaft stetiger Funktionen) streng monoton. Bekanntlich ist dann φ sogar eine Homöomorphie von I auf das ebenfalls offene Intervall $\varphi(I)$. Ist f eine auf $\varphi(I)$ stetige reelle Funktion, welche außerhalb einer kompakten Teilmenge von $\varphi(I)$ gleich Null ist, so folgt aus obiger Regel

(20.2) $$\int_{\varphi(I)} f\,d\lambda^1 = \int_I (f \circ \varphi)|\varphi'|\,d\lambda^1 .$$

Man hat nur zu beachten, daß wegen der Monotonie von φ stets $\varphi' \geqq 0$ oder $\varphi' \leqq 0$ auf I gilt und daß ferner mit f auch $f \circ \varphi$ außerhalb einer kompakten Teilmenge von I gleich

Null ist. Dies folgt aus der Tatsache, daß $\varphi: I \to \varphi(I)$ eine Homöomorphie ist. Nach 12.12, Beispiel (3) sind Funktionen der beschriebenen Art stets über $\varphi(I)$ bzw. I λ^1-integrierbar. Wählt man schließlich zu f Zahlen $\alpha, \beta \in I$ derart, daß $\alpha < \beta$ für $\varphi' \geqq 0$ bzw. $\alpha > \beta$ für $\varphi' \leqq 0$ und daß f außerhalb des Intervalles $[\varphi(\alpha), \varphi(\beta)]$ gleich Null ist, so folgt (20.2) aus (20.1).

Gilt nun zusätzlich $\varphi'(x) \neq 0$ für alle $x \in I$, so ist auch die inverse Abbildung von $\varphi: I \to \varphi(I)$ stetig differenzierbar. Im Sinne der folgenden Definition ist daher φ ein C^1-Diffeomorphismus des offenen Intervalls I auf das offene Intervall $\varphi(I)$.

20.1 Definition. *Seien G und G' offene Teilmengen des $\mathbf{R}^p$. Eine Bijektion $\varphi: G \to G'$ heiße ein C^1-Diffeomorphismus, wenn φ und φ^{-1} stetig differenzierbare Abbildungen sind.*

20.2 Bemerkung. Eine Bijektion $\varphi: G \to G'$ ist genau dann ein C^1-Diffeomorphismus, wenn φ stetig differenzierbar ist und in jedem Punkt $x \in G$ die *Jacobische Determinante* (*Funktionaldeterminante*) $\det D\varphi(x)$ von Null verschieden ist. (Dabei bezeichnet $D\varphi(x)$ die *Jacobische Matrix* von φ im Punkte x, in der am Kreuzungspunkt der i-ten Zeile mit der j-ten Spalte die j-te partielle Ableitung $D_j\varphi_i(x)$ der i-ten Komponente φ_i von φ im Punkte x steht.) Sind nämlich φ und φ^{-1} stetig differenzierbar, so ist für jedes $x \in G$

$$1 = \det D(\varphi^{-1} \circ \varphi)(x) = \det D\varphi^{-1}\big(\varphi(x)\big) \cdot \det D\varphi(x),$$

also $\det D\varphi(x) \neq 0$. Umgekehrt folgt aus dieser Bedingung und der stetigen Differenzierbarkeit von φ nach dem Satz über inverse Funktionen, daß φ eine lokale Homöomorphie, ja sogar ein lokaler C^1-Diffeomorphismus ist. Da φ eine Bijektion ist, muß also φ ein C^1-Diffeomorphismus von G auf G' sein.

Die Gleichung (20.2) gilt für stetige reelle Funktionen f auf $\varphi(I)$, die außerhalb einer kompakten Teilmenge K von $\varphi(I)$ verschwinden. Beachtet man, daß $\{f \neq 0\} \subset K$ gilt, so betrachten wir genau die auf $\varphi(I)$ stetigen reellen Funktionen, deren *Träger* im Sinne der folgenden Definition kompakt ist.

20.3 Definition. *E sei ein metrischer Raum und $f: E \to \bar{\mathbf{R}}$ eine numerische Funktion auf E. Als Träger Tf von f bezeichnet man die abgeschlossene Hülle der Menge aller Punkte $x \in E$ mit $f(x) \neq 0$:*

$$Tf := \overline{\{f \neq 0\}}. \tag{20.3}$$

Die Menge der stetigen reellen Funktionen auf E, deren Träger kompakt ist, wird mit $\mathscr{K}(E)$ bezeichnet.

Man prüft leicht nach, daß $\mathscr{K}(E)$ ein linearer Teilraum des Vektorraumes $\mathscr{C}(E)$ aller stetigen reellen Funktionen auf E ist. Stets gilt nämlich für Funktionen f, g auf E sowie reelle Zahlen $\alpha \neq 0$

$$T(f+g) \subset Tf \cup Tg \quad \text{und} \quad T(\alpha f) = Tf.$$

Wir haben damit die Substitutionsregel abschließend auf folgende Form gebracht: Ist $\varphi: I \to \varphi(I)$ ein C^1-Diffeomorphismus eines offenen Intervalls I auf ein offenes Intervall $I' = \varphi(I)$, so gilt (20.2) für alle Funktionen $f \in \mathscr{K}(I')$. Der folgende Satz ist daher eine natürliche Verallgemeinerung der Substitutionsregel auf den mehrdimensionalen Fall.

20.4 Transformationssatz. *Seien G und G' offene Teilmengen des $\mathbf{R}^p$; sei ferner $\varphi: G \to G'$ ein C^1-Diffeomorphismus von G auf G'. Dann gilt für jede Funktion $f \in \mathscr{K}(G')$:*

$$\int_{\varphi(G)} f \, d\lambda^p = \int_G (f \circ \varphi) \, |\det D\varphi| \, d\lambda^p. \tag{20.4}$$

Im Falle $p = 1$ reduziert sich dieser Satz im wesentlichen auf die einleitend abgeleitete Form der Substitutionsregel. Wir werden den Beweis durch vollständige Induktion nach der Dimension p führen.

Wir bevorzugen es, den Transformationssatz zunächst für Funktionen aus $\mathscr{K}(G')$ zu formulieren und nicht – was vielleicht nach dem bisherigen Aufbau naheliegender wäre – für Funktionen, die nur auf einer kompakten Teilmenge von G' definiert und stetig sind. Der Grund hierfür liegt vor allem in einer für Funktionen aus $\mathscr{K}(G')$ gültigen Zerlegungseigenschaft, die in Lemma 20.7 formuliert und im Beweis des

Transformationssatzes ein entscheidendes Hilfsmittel darstellen wird.

Der Vorbereitung des Beweises dieser Zerlegungseigenschaft dient folgendes Lemma:

20.5 Lemma. *Ist A eine abgeschlossene Teilmenge eines metrischen Raumes E, so existiert zu jeder offenen Umgebung U von A eine stetige reelle Funktion f auf E mit Werten in $[0,1]$ derart, daß $f(x)=1$ für jedes $x \in A$* und *$Tf \subset U$ gilt.*

Beweis. Schwächt man die letzte Bedingung an f zu $Tf \subset \bar{U}$ ab, so ist f leicht anzugeben. Für $A=\emptyset$ bzw. $U=E$ genügt es, $f=0$ bzw. $f=1$ zu wählen. Falls jedoch A und $E \setminus U$ nicht leer sind, definiere man f mittels der Metrik d von E durch

$$f(x) := \frac{d(x, E\setminus U)}{d(x, E\setminus U) + d(x, A)} \qquad (x \in E).$$

Da für jede nicht leere Menge $B \subset E$ die Funktion $x \mapsto d(x,B)$ auf E stetig und $d(x,B)=0$ mit $x \in \bar{B}$ gleichwertig ist, leistet f das Verlangte.

Die Behauptung ist daher allgemein bewiesen, wenn zu U eine offene Umgebung V von A existiert mit $\bar{V} \subset U$. Dies aber leistet die wegen der Stetigkeit von f offene Menge $V := \{f > \frac{1}{2}\}$. Es gilt nämlich $A \subset V$ und

$$\bar{V} \subset \{f \geqq \tfrac{1}{2}\} \subset \{f > 0\} \subset U. \quad \square$$

20.6 Korollar. (Schrumpfungssatz) *Zu jeder Überdeckung einer abgeschlossenen Menge $A \subset E$ durch endlich viele offene Mengen $U_1, \ldots, U_n$ existieren abgeschlossene Mengen $A_1, \ldots, A_n$ und offene Mengen $U'_1, \ldots, U'_n$ mit den Eigenschaften*

$$A = \bigcup_{i=1}^{n} A_i \quad \textit{und} \quad A_i \subset U'_i \subset \bar{U}'_i \subset U_i \quad \textit{für alle } i = 1, \ldots, n.$$

Beweis. Für $n=1$ folgt die Behauptung aus dem zweiten Teil des vorausgehenden Beweises oder direkt aus 20.5. Danach existiert nämlich ein $f \in \mathscr{C}_+(E)$ mit $Tf \subset U_1$ und $f(x)=1$ für alle $x \in A$; folglich leisten $A_1 = A$ und $U'_1 := \{f > 0\}$ das Verlangte.

Hieraus aber folgt die Behauptung allgemein, sofern nur die Existenz abgeschlossener Mengen $A_1 \subset U_1, \ldots, A_n \subset U_n$ mit $A = \bigcup A_i$ gezeigt ist. Dies ist für $n = 1$ trivial, für $n = 2$ läßt es sich wie folgt einsehen: $A \setminus U_1$ und $A \setminus U_2$ sind fremde abgeschlossene Mengen. Sie besitzen daher fremde offene Umgebungen V_1 und V_2. In der Tat: Nach 20.5 existiert ein $f \in \mathscr{C}_+(E)$ mit $f(x) = 1$ für alle $x \in A \setminus U_1$ und $Tf \subset \complement(A \setminus U_2)$. Daher leisten $V_1 := \{f > \frac{1}{2}\}$ und $V_2 := \{f < \frac{1}{2}\}$ das Verlangte. Setzt man nun $A_i := A \setminus V_i$, so ist A_i abgeschlossen; aus $A \setminus U_i \subset V_i$ folgt $A_i \subset U_i$ $(i = 1, 2)$. Wegen $V_1 \cap V_2 = \emptyset$ ist ferner $A_1 \cup A_2 = (A \setminus V_1) \cup (A \setminus V_2) = A \setminus (V_1 \cap V_2) = A$.

Durch vollständige Induktion folgt die Hilfsbehauptung allgemein, da sich jede offene Überdeckung $U_1, \ldots, U_{n+1}$ von A durch $n+1$ Mengen als Überdeckung durch die beiden offenen Mengen $U_1 \cup \ldots \cup U_n$ und U_{n+1} interpretieren läßt. □

Insbesondere ist $(U_i')_{i=1,\ldots,n}$ eine Überdeckung von A. Wegen der Eigenschaft $\bar{U}_i' \subset U_i$ für jedes $i = 1, \ldots, n$ nennt man sie eine *Schrumpfung* der ursprünglichen Überdeckung.

Die angekündigte *Zerlegungseigenschaft* lautet nun:

20.7 Lemma. *Ist E ein metrischer Raum, $f \geqq 0$ eine Funktion aus $\mathscr{K}(E)$ und $(U_i)_{i=1,\ldots,n}$ eine endliche offene Überdeckung des Trägers von f, so existiert „eine dieser Überdeckung untergeordnete Zerlegung von f", d.h. es existieren Funktionen $f_1, \ldots, f_n \in \mathscr{K}_+(E)$ mit*

$$f = \sum_{i=1}^{n} f_i \quad \text{und} \quad Tf_i \subset U_i \tag{20.5}$$

für alle $i = 1, \ldots, n$.

Beweis. Zunächst existieren nach dem Schrumpfungssatz offene Mengen $U_1', \ldots, U_n'$ mit

$$Tf \subset U_1' \cup \ldots \cup U_n' \quad \text{und} \quad \bar{U}_i' \subset U_i$$

für $i = 1, \ldots, n$. Nach 20.5 gibt es daher Funktionen $g_1, \ldots, g_n \in \mathscr{C}_+(E)$ mit

$$g_i(x) = 1 \quad \text{für} \quad x \in \bar{U}_i' \quad \text{und} \quad Tg_i \subset U_i$$

für $i = 1, \ldots, n$. Wir definieren die gesuchten Funktionen f_i durch

$$f_i(x) := \begin{cases} \dfrac{g_i(x)}{\sum\limits_{j=1}^{n} g_j(x)} f(x), & \text{falls } \sum\limits_{j=1}^{n} g_j(x) > 0 \\ 0, & \text{falls } \sum\limits_{j=1}^{n} g_j(x) = 0. \end{cases}$$

Jede dieser Funktionen $f_1, \ldots, f_n$ ist auf E stetig, da einerseits $f_i(x) = 0$ für alle $x \in \complement Tf$ gilt, und da andererseits $\bigcup U_j'$ eine Umgebung von Tf ist, auf der $\Sigma g_j(x) \geqq 1 > 0$ gilt. Wegen $f_i \geqq 0$ und $Tf_i \subset Tf \cap Tg_i \subset Tf \cap U_i$ ist jedes f_i eine Funktion aus $\mathscr{K}_+(E)$ mit $Tf_i \subset U_i$. Für alle $x \in Tf$ ist $\Sigma g_j(x) > 0$, also $f(x) = \Sigma f_i(x)$; für alle $x \in \complement Tf$ ist $f(x) = 0 = \Sigma f_i(x)$. Daher gilt $f = \Sigma f_i$. Somit leisten $f_1, \ldots, f_n$ das Verlangte. □

Nach diesen Vorbereitungen kommen wir zum

Beweis des Transformationssatzes. Zunächst bemerken wir, daß die in 20.4 auftretenden Integranden sämtlich kompakten Träger in G bzw. $\varphi(G)$ besitzen und stetig sind. Gemäß 12.12, Beispiel (3) sind diese Funktionen also über G bzw. $\varphi(G)$ λ^p-integrierbar.

Wie bereits angekündigt, soll der Beweis durch vollständige Induktion nach der Dimension p geführt werden. Hierzu kann $f \geqq 0$ angenommen werden.

I. Sei $p = 1$. G' ist eine offene Umgebung von Tf. Daher existiert zu jedem $x \in Tf$ ein offenes, nicht-leeres Intervall U' mit $x \in U'$ und $U' \subset G'$. Die kompakte Menge Tf wird durch endlich viele solcher Intervalle, etwa $U_1', \ldots, U_n'$, überdeckt. Nach 20.7 (angewandt auf $E := G'$) existiert eine dieser Überdeckung untergeordnete Zerlegung $f_1, \ldots, f_n$ von f. Es gilt also $f_i \in \mathscr{K}_+(G')$, $Tf_i \subset U_i'$ für jedes $i = 1, \ldots, n$ sowie $f = \sum f_i$. Hieraus folgt

$$\int_{G'} f \, d\lambda^1 = \sum_{i=1}^{n} \int_{G'} f_i \, d\lambda^1 = \sum_{i=1}^{n} \int_{U_i'} f_i \, d\lambda^1 .$$

Nach der 20.4 vorausgehenden Formulierung der Substitutionsregel ist

$$\int_{U_i'} f_i \, d\lambda^1 = \int_{U_i} (f_i \circ \varphi) |\varphi'| \, d\lambda^1,$$

wenn dabei U_i die offene Menge $\varphi^{-1}(U_i')$ bezeichnet $(i = 1, \ldots, n)$. Man hat nur zu beachten, daß U_i als stetiges Bild von U_i' zusammenhängend, also wieder ein Intervall ist. Da der Träger von $(f_i \circ \varphi)|\varphi'|$ in $\varphi^{-1}(Tf_i)$ und damit in $\varphi^{-1}(U_i') = U_i \subset G$ enthalten ist, folgt schließlich (20.4):

$$\begin{aligned} \int_{G'} f \, d\lambda^1 &= \sum_{i=1}^{n} \int_{U_i'} f_i \, d\lambda^1 = \sum_{i=1}^{n} \int_{U_i} (f_i \circ \varphi) |\varphi'| \, d\lambda^1 \\ &= \sum_{i=1}^{n} \int_{G} (f_i \circ \varphi) |\varphi'| \, d\lambda^1 \end{aligned}$$

II. Sei $p \geqq 2$ und die Behauptung richtig für die Dimension $p - 1$. Wir zeigen in zwei Schritten, daß sie dann auch für die Dimension p gilt.

Die Durchführung des ersten Schrittes wird erleichtert durch die Einführung folgender Abbildungen: Für jedes $i \in \{1, \ldots, p\}$ bezeichne

$$\pi_i : \mathbf{R}^p \to \mathbf{R}$$

die i-te Projektion $(x_1, \ldots, x_p) \mapsto x_i$ und

$$\pi^i : \mathbf{R}^p \to \mathbf{R}^{p-1}$$

die Projektionsabbildung

$$(x_1, \ldots, x_p) \mapsto (x_1, \ldots, x_{i-1}, x_{i+1}, \ldots, x_p).$$

Für jedes $\alpha \in \mathbf{R}$ ist dann

$$H_i(\alpha) := \pi_i^{-1}(\alpha)$$

die Hyperebene im $\mathbf{R}^p$ mit der Gleichung $x_i = \alpha$. Ferner ist die Restriktion von π^i auf $H_i(\alpha)$ ein Homöomorphismus von $H_i(\alpha)$ auf $\mathbf{R}^{p-1}$. Die zugehörige inverse Abbildung

$$\varrho_\alpha^i := (\mathrm{Rest}_{H_i(\alpha)} \pi^i)^{-1}$$

ist somit ein Homöomorphismus von $\mathbf{R}^{p-1}$ auf $H_i(\alpha)$:

$$\varrho_\alpha^i : \mathbf{R}^{p-1} \to H_i(\alpha).$$

Er führt einen Punkt $x' = (x'_1, \ldots, x'_{p-1}) \in \mathbf{R}^{p-1}$ in denjenigen Punkt des $\mathbf{R}^p$ über, dessen i-te Koordinate gleich α und dessen übrige Koordinaten der Reihe nach $x'_1, \ldots, x'_{p-1}$ sind. Offenbar ist $\pi_i \circ \varrho^i_\alpha$ die konstante Abbildung $x' \mapsto \alpha$ auf $\mathbf{R}^{p-1}$ und $\pi^i \circ \varrho^i_\alpha$ die identische Abbildung des $\mathbf{R}^{p-1}$ auf sich.

1. *Schritt.* Wir beweisen die Transformationsformel zunächst für jeden C^1-Diffeomorphismus $\varphi = (\varphi_1, \ldots, \varphi_p)$, dessen Komponenten $\varphi_i := \pi_i \circ \varphi$ der folgenden Bedingung genügen: Es existiert ein Paar von Indizes $i, j \in \{1, \ldots, p\}$ mit

$$\varphi_i = \mathrm{Rest}_G \, \pi_j,$$

d.h. für die j-te Koordinate x_j eines jeden Punktes $x \in G$ und die i-te Koordinate y_i seines Bildes $y = \varphi(x)$ gilt

$$y_i = x_j.$$

Hieraus folgt sofort

$$\varphi\big(G \cap H_j(\alpha)\big) = G' \cap H_i(\alpha) \qquad (\alpha \in \mathbf{R}).$$

Um den Transformationssatz in der Dimension $p-1$ anwenden zu können, betrachten wir für $\alpha \in \mathbf{R}$ den α-Schnitt von G' in der i-ten Koordinate

$$\begin{aligned} G'_i(\alpha) &:= \{x' \in \mathbf{R}^{p-1} : \varrho^i_\alpha(x') \in G'\} = (\varrho^i_\alpha)^{-1}\big(G' \cap H_i(\alpha)\big) \\ &= \pi^i\big(G' \cap H_i(\alpha)\big) \end{aligned}$$

sowie den α-Schnitt von G in der j-ten Koordinate

$$G_j(\alpha) := (\varrho^j_\alpha)^{-1}\big(G \cap H_j(\alpha)\big) = \pi^j\big(G \cap H_j(\alpha)\big).$$

Beide Schnitte sind offene Teilmengen des $\mathbf{R}^{p-1}$, da ϱ^i_α und ϱ^j_α Homöomorphismen von $\mathbf{R}^{p-1}$ auf $H_i(\alpha)$ bzw. $H_j(\alpha)$ und $G' \cap H_i(\alpha)$ bzw. $G \cap H_j(\alpha)$ offen in $H_i(\alpha)$ bzw. $H_j(\alpha)$ sind. Damit ergibt sich folgendes kommutative Diagramm:

$$\begin{array}{ccc} G_j(\alpha) & \xrightarrow{\;\varrho^j_\alpha\;} & G \cap H_j(\alpha) \\ \Big\downarrow \psi_\alpha & & \Big\downarrow \varphi \\ G'_i(\alpha) & \xleftarrow[\;\pi^i\;]{} & G' \cap H_i(\alpha), \end{array}$$

wobei anstelle von ϱ_α^j bzw. φ bzw. π^i genauer die Restriktion der betreffenden Abbildung auf $G_j(\alpha)$ bzw. $G \cap H_j(\alpha)$ bzw. $G' \cap H_i(\alpha)$ stehen müßte und wobei $\psi_\alpha : G_j(\alpha) \to G_i'(\alpha)$ die Hintereinanderschaltung dieser drei Abbildungen bezeichnet. ψ_α ist eine Bijektion, da die drei Abbildungen, aus denen sich ψ_α zusammensetzt, Bijektionen sind.

Für jeden Punkt $x' = (x_1', \ldots, x_{p-1}') \in G_j(\alpha)$ lauten die $p-1$ Koordinaten von $\psi_\alpha(x')$ der Reihe nach

$$\begin{array}{c}
\varphi_1(x_1', \ldots, x_{j-1}', \alpha, x_j', \ldots, x_{p-1}') \\
\cdots\cdots\cdots\cdots\cdots\cdots\cdots\cdots \\
\varphi_{i-1}(x_1', \ldots, x_{j-1}', \alpha, x_j', \ldots, x_{p-1}') \\
\varphi_{i+1}(x_1', \ldots, x_{j-1}', \alpha, x_j', \ldots, x_{p-1}') \\
\cdots\cdots\cdots\cdots\cdots\cdots\cdots\cdots \\
\varphi_p(x_1', \ldots, x_{j-1}', \alpha, x_j', \ldots. x_{p-1}').
\end{array}$$

Somit ist ψ_α stetig differenzierbar in $G_j(\alpha)$. Ferner geht die Jacobische Matrix von ψ_α an der Stelle x' aus der Jacobischen Matrix von φ an der Stelle $\varrho_\alpha^j(x')$ durch Streichen der j-ten Spalte und der i-ten Zeile hervor. Wegen der Bedingung $\varphi_i = \mathrm{Rest}_G \pi_j$ stehen in der i-ten Zeile dieser letzten Matrix nur Nullen mit Ausnahme einer 1 am Kreuzungspunkt von i-ter Zeile und j-ter Spalte. Durch Entwicklung der Funktionaldeterminante von φ nach der i-ten Zeile folgt somit:

$$\det D\psi_\alpha(x') = (-1)^{i+j} \det D\varphi\left(\varrho_\alpha^j(x')\right) \neq 0$$

für alle $x' \in G_j(\alpha)$. Gemäß Bemerkung 20.2 ist daher $\psi_\alpha : G_j(\alpha) \to G_i'(\alpha)$ für jedes $\alpha \in \mathbf{R}$ ein C^1-Diffeomorphismus, auf den die Induktionsvoraussetzung zutrifft. Für jede Funktion $f_\alpha \in \mathscr{K}\left(G_i'(\alpha)\right)$ gilt somit

$$\begin{aligned}
\int_{G_i'(\alpha)} f_\alpha \, d\lambda^{p-1} &= \int_{G_j(\alpha)} (f_\alpha \circ \psi_\alpha) |\det D\psi_\alpha| \, d\lambda^{p-1} \\
&= \int_{G_j(\alpha)} f_\alpha\left(\psi_\alpha(x')\right) \left|\det D\varphi\left(\varrho_\alpha^j(x')\right)\right| \lambda^{p-1}(dx').
\end{aligned} \tag{20.6}$$

Wir wenden diese Gleichheit auf spezielle Funktionen f_α an: Für jedes $f \in \mathscr{K}(G')$ liegt die Funktion $f_{G'}$ in $\mathscr{K}(\mathbf{R}^p)$. Dann aber ist $f_{G'} \circ \varrho_\alpha^i$ eine stetige Funktion auf $\mathbf{R}^{p-1}$; sie ist Null im

Komplement der kompakten Menge

$$\pi^i\big(Tf \cap H_i(\alpha)\big) \subset \pi^i\big(G' \cap H_i(\alpha)\big) = G_i'(\alpha).$$

Somit gilt $f_{G'} \circ \varrho_\alpha^i \in \mathscr{K}(\mathbf{R}^{p-1})$, und die Restriktion f_α dieser Funktion auf $G_i'(\alpha)$ liegt in $\mathscr{K}\big(G_i'(\alpha)\big)$. Nunmehr liefert der Vertauschungssatz 18.4 unter Beachtung von 18.9

$$\begin{aligned}\int_{G'} f\,d\lambda^p &= \int f_{G'}\,d\lambda^p = \int\Big(\int f_{G'} \circ \varrho_\alpha^i\,d\lambda^{p-1}\Big)\,\lambda^1(d\alpha)\\ &= \int\Big(\int_{G_i'(\alpha)} f_\alpha\,d\lambda^{p-1}\Big)\,\lambda^1(d\alpha).\end{aligned}$$

Die vorausgehende Transformationsformel (20.6) liefert dann weiterhin

$$\int_{G'} f\,d\lambda^p = \int\Big[\int_{G_j(\alpha)} f_\alpha\big(\psi_\alpha(x')\big)\,|\det D\varphi\big(\varrho_\alpha^j(x')\big)|\,\lambda^{p-1}(dx')\Big]\,\lambda^1(d\alpha).$$

Aus der Definition von f_α folgt für jedes $x' \in G_j(\alpha)$:

$$\begin{aligned}f_\alpha\big(\psi_\alpha(x')\big) &= f_{G'} \circ \varrho_\alpha^i\big(\psi_\alpha(x')\big) = f_{G'} \circ \varrho_\alpha^i \circ \pi^i \circ \varphi \circ \varrho_\alpha^j(x')\\ &= f_{G'} \circ \varphi\big(\varrho_\alpha^j(x')\big) = f \circ \varphi\big(\varrho_\alpha^j(x')\big).\end{aligned}$$

Wir erhalten daher abschließend

$$\int_{G'} f\,d\lambda^p = \int\Big[\int_{G_j(\alpha)} f \circ \varphi\big(\varrho_\alpha^j(x')\,|\det D\varphi\big(\varrho_\alpha^j(x')\big)|\,\lambda^{p-1}(dx')\Big]\,\lambda^1(d\alpha).$$

Wegen $\varrho_\alpha^j(x') = (x_1', \ldots, x_{j-1}', \alpha, x_j', \ldots, x_{p-1}')$ ist aber das Integral der rechten Seite nach dem Vertauschungssatz gleich $\int_G f \circ \varphi\,|\det D\varphi|\,d\lambda^p$. Daher gilt wie behauptet

$$\int_{G'} f\,d\lambda^p = \int_G f \circ \varphi\,|\det D\varphi|\,d\lambda^p.$$

2. *Schritt*. Nunmehr sei $\varphi: G \to G'$ ein beliebiger C^1-Diffeomorphismus. Dann ist $\det D\varphi(a) \neq 0$ für jedes $a \in G$. Bei gegebenem $a \in G$ existieren also $i, j \in \{1, \ldots, p\}$ mit $D_j\varphi_i(a) \neq 0$.

Wir definieren eine Abbildung $\sigma: G \to \mathbf{R}^p$ durch Angabe ihrer Komponenten $\sigma_1, \ldots, \sigma_p$:

$$\sigma_k := \begin{cases}\operatorname{Rest}_G \pi_k, & \text{falls } k \neq j\\ \varphi_i, & \text{falls } k = j\end{cases} \qquad (k = 1, \ldots, p).$$

Dann ist σ offenbar stetig differenzierbar und

$$\det D\sigma(a) = D_j\sigma_j(a) = D_j\varphi_i(a) \neq 0 .$$

Nach dem Satz über inverse Funktionen existieren somit offene Umgebungen U von a in G und V von $\sigma(a)$ in $\mathbf{R}^p$, so daß die Restriktion von σ auf U ein C^1-Diffeomorphismus von U auf V ist. Da φ ein Homöomorphismus ist, ist $U' := \varphi(U)$ eine offene Umgebung von $\varphi(a)$ in G'. Bezeichnet $\tau: V \to U$ die zu $\mathrm{Rest}_U \sigma$ inverse Abbildung, so ist $\mathrm{Rest}_U \varphi = \mathrm{Rest}_U(\varphi \circ \tau) \circ \sigma$ die Hintereinanderschaltung zweier C^1-Diffeomorphismen:

$$\begin{array}{ccc} U & \xrightarrow{\ \sigma\ } & V \\ & \varphi \searrow \quad \swarrow \psi & \\ & U' & \end{array}$$

Nach Konstruktion besitzt der C^1-Diffeomorphismus $\sigma: U \to V$ die im 1. Schritt geforderte Eigenschaft. Dies gilt auch für den durch $x \mapsto \varphi \circ \tau(x)$ definierten C^1-Diffeomorphismus $\psi: V \to U'$. Für alle $x \in V$ ist nämlich

$$\psi_i(x) = \varphi_i(\tau(x)) = \sigma_j(\tau(x)) = x_j ,$$

d.h. es gilt $\psi_i = \mathrm{Rest}_V\, \pi_j$.

Die auf obige Weise zu jedem $a \in G$ konstruierten offenen Mengen U' überdecken G', insbesondere also den kompakten Träger Tf von f. Somit existieren endlich viele offene Mengen $U_1, \ldots, U_n \subset G$, $V_1, \ldots, V_n \subset \mathbf{R}^p$ und $U_1', \ldots, U_n' \subset G'$ sowie C^1-Diffeomorphismen $\sigma^k: U_k \to V_k$ und $\psi^k: V_k \to U_k'$ $(k = 1, \ldots, n)$ derart, daß gilt:

(i) $$Tf \subset \bigcup_{k=1}^{n} U_k' ,$$

(ii) $$\mathrm{Rest}_{U_k} \varphi = \psi^k \circ \sigma^k ,$$

(iii) alle σ^k und ψ^k genügen der Bedingung des 1. Schrittes.

Sei nun $(f_k)_{k=1,\ldots,n}$ eine der Überdeckung $(U_k')_{k=1,\ldots,n}$ von

Tf untergeordnete Zerlegung von f (bezüglich des metrischen Raumes G'). Dann gilt nach dem im 1. Schritt Bewiesenen:

$$\begin{aligned}\int_{G'} f\,d\lambda^p &= \sum_{k=1}^{n} \int_{G'} f_k\,d\lambda^p = \sum_{k=1}^{n} \int_{U'_k} f_k\,d\lambda^p \\ &= \sum_{k=1}^{n} \int_{V_k} f_k \circ \psi^k |\det D\psi^k|\,d\lambda^p.\end{aligned}$$

Die Transformationsformel gilt aber nach dem 1. Schritt auch für die in $\mathcal{K}_+(V_k)$ gelegene Funktion $f_k \circ \psi^k |\det D\psi^k|$ und den C^1-Diffeomorphismus σ^k. Man erhält daher für jedes $k = 1, \ldots, n$ wegen (ii):

$$\begin{aligned}&\int_{V_k} f_k \circ \psi^k |\det D\psi^k|\,d\lambda^p \\ &= \int_{U_k} f_k \circ \psi^k \circ \sigma^k |\det(D\psi^k) \circ \sigma^k|\,|\det D\sigma^k|\,d\lambda^p \\ &= \int_{U_k} f_k \circ \varphi |\det D\varphi|\,d\lambda^p.\end{aligned}$$

Man hat dabei nur zu beachten, daß nach dem Multiplikationssatz für Determinanten

$$\big(\det(D\psi^k) \circ \sigma^k\big) \det D\sigma^k = \det D(\psi^k \circ \sigma^k)$$

gilt. Zusammenfassend erhält man somit

$$\int_{G'} f\,d\lambda^p = \sum_{k=1}^{n} \int_{U_k} f_k \circ \varphi |\det D\varphi|\,d\lambda^p = \int_G f \circ \varphi |\det D\varphi|\,d\lambda^p,$$

also die behauptete Transformationsformel (20.4). □

Die nun anschließenden Untersuchungen betreffen die Frage, ob die Transformationsformel (20.4) auch für beliebige λ^p-integrierbare Funktionen f auf G' gültig bleibt.

20.8 Lemma. *Seien G und G' offene Teilmengen des $\mathbf{R}^p$ und sei $\varphi: G \to G'$ ein C^1-Diffeomorphismus von G auf G'. Dann gilt für jede kompakte Menge $K \subset G$ und jede Funktion $f \in \mathcal{C}\big(\varphi(K)\big)$*

$$\int_{\varphi(K)} f\,d\lambda^p = \int_K f \circ \varphi |\det D\varphi|\,d\lambda^p. \tag{20.7}$$

Beweis. Wir bezeichnen die kompakte Menge $\varphi(K)$ mit K'. Es genügt, den Beweis für Funktionen $f \in \mathcal{C}_+(K')$ zu führen.

Die Funktion $f_{K'}$ ist dann eine nach oben halbstetige und beschränkte Funktion auf $\mathbf{R}^p$, die außerhalb von K' verschwindet und somit λ^p-integrierbar ist gemäß 12.12, Beispiel (3). Nach 3.8 existiert daher eine Folge (f_n) stetiger reeller Funktionen auf $\mathbf{R}^p$ mit $f_n \downarrow f_{K'}$. K' besitzt eine kompakte Umgebung $U \subset G'$; man wähle etwa für U die Vereinigung endlich vieler abgeschlossener in G' enthaltener Kugeln, deren Inneres K' überdeckt. Lemma 20.5 liefert die Existenz einer Funktion $h \in \mathscr{C}_+(\mathbf{R}^p)$ mit $Th \subset U$ und $h(x) = 1$ für alle $x \in K'$. Jede der Funktionen $h_n := f_n h$ liegt in $\mathscr{K}(\mathbf{R}^p)$, da $Th_n \subset Th \subset U \subset G'$ für alle $n \in \mathbf{N}$ gilt; ferner folgt $h_n \downarrow f_{K'}$. Der Transformationssatz kann daher auf die Restriktionen dieser Funktionen auf G' angewandt werden. Dies ergibt

$$\int_{G'} h_n \, d\lambda^p = \int_G h_n \circ \varphi \, |\det D\varphi| \, d\lambda^p \qquad (n \in \mathbf{N}).$$

Wegen $-h_n \uparrow -f_{K'}$ kann der Satz von der monotonen Konvergenz herangezogen werden; er liefert

$$\int_{G'} f_{K'} \, d\lambda^p = \int_G f_{K'} \circ \varphi \, |\det D\varphi| \, d\lambda^p.$$

Hieraus folgt die Behauptung, da K' eine Teilmenge von G' ist, die letzte Gleichheit der Integrale also in (20.7) übergeht. □

Nunmehr ergibt sich die angekündigte Ausdehnung des Transformationssatzes auf integrierbare Funktionen.

20.9 Satz. *Sei $\varphi: G \to G'$ ein C^1-Diffeomorphismus zwischen zwei offenen Mengen $G, G' \subset \mathbf{R}^p$. Eine auf G' definierte numerische Funktion f ist genau dann über G' λ^p-integrierbar, wenn $f \circ \varphi \, |\det D\varphi|$ über G λ^p-integrierbar ist. Es gilt dann*

$$\int_{\varphi(G)} f \, d\lambda^p = \int_G f \circ \varphi \, |\det D\varphi| \, d\lambda^p. \tag{20.8}$$

Beweis. Wir betrachten die von λ^p auf einer kompakten Menge $K \subset G$ und auf deren kompaktem Bild induzierten Maße λ^p_K bzw. $\lambda^p_{\varphi(K)}$. Bezeichnet noch g die auf K definierte, strikt positive, stetige Funktion $x \mapsto |\det D\varphi(x)|$, so besagt das vorausgehende Lemma gerade, daß das Bild des Maßes

$g\lambda_K^p$ unter dem durch φ vermittelten Homöomorphismus von K auf $\varphi(K)$ gleich $\lambda_{\varphi(K)}^p$ ist:

$$\lambda_{\varphi(K)}^p = \varphi(g\lambda_K^p). \tag{20.9}$$

Man hat dabei nur zu beachten, daß gemäß 14.7

$$\int_{\varphi(K)} h\, d\lambda^p = \int h\, d\lambda_{\varphi(K)}^p$$

und

$$\int_K h \circ \varphi \,|\det D\varphi|\, d\lambda^p = \int (h \circ \varphi) g\, d\lambda_K^p$$

für alle $h \in \mathscr{C}(\varphi(K))$ gilt. Wegen (20.9) können nun aber 5.6, Beispiel (5) und (6) angewandt werden. Danach gilt für beliebige numerische Funktionen h auf $\varphi(K)$

$$\int^* h\, d\lambda_{\varphi(K)}^p = \int^* (h \circ \varphi) g\, d\lambda_K^p. \tag{20.10}$$

Ferner ist danach und gemäß 14.7 eine auf einer Obermenge von $\varphi(K)$ definierte numerische Funktion f genau dann über $\varphi(K)$ λ^p-integrierbar, wenn $f \circ \varphi \,|\det D\varphi|$ über K λ^p-integrierbar ist.

Beachtet man noch, daß durch φ die kompakten Teilmengen von G homöomorph auf die kompakten Teilmengen von $G' = \varphi(G)$ abgebildet werden, so lehrt diese Vorüberlegung für numerische Funktionen f auf G' und die von λ^p auf G' bzw. G induzierten Maße das Folgende: f ist genau dann über G' kompakt $\lambda_{G'}^p$-integrierbar, wenn $f \circ \varphi \,|\det D\varphi|$ über G kompakt λ_G^p-integrierbar ist. Durch Übergang zum Supremum über alle kompakten Teilmengen von G erhält man aus (20.10) und (14.8) für positives f

$$\begin{aligned}\int_{G'}^* f\, d\lambda^p = \int_{G'}^* f\, d\lambda_{G'}^p &= \int_G^* f \circ \varphi \,|\det D\varphi|\, d\lambda_G^p \\ &= \int_G^* f \circ \varphi \,|\det D\varphi|\, d\lambda^p.\end{aligned}$$

Folglich ist f genau dann über G' $\lambda_{G'}^p$-integrierbar, wenn $f \circ \varphi \,|\det D\varphi|$ über G λ_G^p-integrierbar ist. Satz 14.7 zeigt, daß man in dieser Aussage die induzierten Maße durch das Maß λ^p ersetzen darf. Somit ist im Fall $f \geqq 0$ die Behauptung unseres Satzes richtig. Durch Zerlegung einer beliebigen numerischen Funktion auf G' in Positiv- und Negativteil ist der Satz damit allgemein bewiesen. □

20.10 Korollar 1. *Sei $\varphi: G \to G'$ ein C^1-Diffeomorphismus zwischen offenen Mengen $G, G' \subset \mathbf{R}^p$. Eine auf einer Menge $A' \subset G'$ definierte numerische Funktion f ist genau dann über A' λ^p-integrierbar, wenn $f \circ \varphi |\det D\varphi|$ über $\varphi^{-1}(A')$ λ^p-integrierbar ist. Es gilt dann*

$$\int_{A'} f\, d\lambda^p = \int_{\varphi^{-1}(A')} f \circ \varphi\, |\det D\varphi|\, d\lambda^p. \tag{20.11}$$

Dies ergibt sich unmittelbar aus Satz 20.9, indem man diesen auf die Funktion $f_{A'}^{G'}$ anwendet und dabei $f_{A'}^{G'} \circ \varphi = (f \circ \varphi)_A^G$ mit $A := \varphi^{-1}(A')$ beachtet.

20.11 Korollar 2. *Das Lebesgue-Maß λ^p ist translationsinvariant, d.h. für jede λ^p-integrierbare Funktion f auf $\mathbf{R}^p$ und jedes $a \in \mathbf{R}^p$ ist die Funktion $x \mapsto f(x+a)$ λ^p-integrierbar, und es gilt:*

$$\int f(x)\, \lambda^p(dx) = \int f(x+a)\, \lambda^p(dx).$$

Beweis. Für $a \in \mathbf{R}^p$ ist die Translation $\varphi: x \mapsto x + a$ ein C^1-Diffeomorphismus von $\mathbf{R}^p$ auf $\mathbf{R}^p$ mit $\det D\varphi = 1$. □

20.12 Korollar 3. *Für jede λ^p-integrierbare Menge A und jedes $a \in \mathbf{R}^p$ ist $A + a := \{x + a : x \in A\}$ λ^p-integrierbar und $\lambda^p(A+a) = \lambda^p(A)$.*

20.13 Bemerkung. Ohne Beweis sei angegeben, daß die auf $\mathbf{R}^p$ translationsinvarianten Maße genau die positiven Vielfachen des Lebesgue-Maßes λ^p sind, d.h. definiert werden durch die Familien $(\alpha \lambda_K^p)_{K \in \mathfrak{K}}$ mit $\alpha \in \mathbf{R}_+$ (vgl. etwa [2], S. 45–47).

20.14 Korollar 4. *Für jede lineare Abbildung $\varphi: \mathbf{R}^p \to \mathbf{R}^p$ und jede λ^p-integrierbare Menge $A \subset \mathbf{R}^p$ ist $\varphi(A)$ λ^p-integrierbar und*

$$\lambda^p(\varphi(A)) = |\det \varphi|\, \lambda^p(A).$$

(Dabei bezeichnet $\det \varphi$ die Determinante der linearen Abbildung φ.)

Beweis. Ist φ bijektiv, d.h. $\det \varphi \neq 0$, so ist φ ein C^1-Diffeomorphismus mit $\det D\varphi = \det \varphi$. Die Behauptung folgt daher aus 20.10. Ist φ nicht bijektiv, so ist $\det \varphi = 0$ und $\varphi(A)$ Teilmenge einer Hyperebene des $\mathbf{R}^p$, also eine λ^p-Nullmenge gemäß 19.4, Beispiel (3). Somit ist die Behauptung auch in diesem Fall bewiesen. □

20.15 Korollar 5. *Das Lebesgue-Maß λ^p ist invariant gegenüber linearen Isometrien, d.h. für jede λ^p-integrierbare Funktion f und jede lineare Isometrie $\varphi: \mathbf{R}^p \to \mathbf{R}^p$ ist $f \circ \varphi$ λ^p-integrierbar und $\int f\, d\lambda^p = \int f \circ \varphi\, d\lambda^p$.*
Insbesondere gilt für jede λ^p-integrierbare Menge $A \subset \mathbf{R}^p$, daß $\varphi(A)$ λ^p-integrierbar ist mit $\lambda^p(\varphi(A)) = \lambda^p(A)$.

Beweis. Die linearen Isometrien sind genau die orthogonalen Abbildungen $\varphi: \mathbf{R}^p \to \mathbf{R}^p$; somit gilt $|\det \varphi| = 1$. □

Durch Zusammenfassung von 20.11 und 20.15 folgt, daß das Lebesgue-Maß λ^p invariant gegenüber allen (affinen) Bewegungen des $\mathbf{R}^p$ auf sich ist.

Für das von p Punkten $a_1, \ldots, a_p \in \mathbf{R}^p$ aufgespannte *Parallelotop*

$$P_{a_1, \ldots, a_p} := \{x \in \mathbf{R}^p : x = \sum_{i=1}^{p} \lambda_i a_i, 0 \leqq \lambda_i \leqq 1 \quad \text{für} \quad i = 1, \ldots, p\}$$

gilt:

20.16 Korollar 6. *Jedes Parallelotop $P_{a_1, \ldots, a_p}$ ist λ^p-integrierbar mit*

$$\lambda^p(P_{a_1, \ldots, a_p}) = |\det(a_1, \ldots, a_p)|.$$

Beweis. Für $i = 1, \ldots, p$ sei e_i der i-te Einheitsvektor (dessen Komponenten 0 sind mit Ausnahme der i-ten, die 1 ist). Dann ist $P_{e_1, \ldots, e_p} = [0, 1]^p$ der p-dimensionale Einheitswürfel. Ist φ die lineare Abbildung von $\mathbf{R}^p$ in $\mathbf{R}^p$ mit $\varphi(e_i) = a_i$ für $i = 1, \ldots, p$, so ist $P_{a_1, \ldots, a_p} = \varphi(P_{e_1, \ldots, e_p})$ und $\det \varphi = \det(a_1, \ldots, a_p)$. Aus Korollar 20.14 folgt daher die Behauptung. □

§ 21 Polarkoordinaten und Anwendungsbeispiele

Im folgenden soll als Beispiel zum Transformationssatz ein spezieller C^1-Diffeomorphismus genauer untersucht werden. Dieser ergibt sich durch die Einführung von Polarkoordinaten und ermöglicht eine Reihe interessanter Anwendungen.

Zunächst sei daran erinnert, daß man jeden Punkt $(y_1, y_2) \in \mathbf{R}^2$ darstellen kann in der Form

$$(21.1) \qquad \begin{aligned} y_1 &= r\cos\psi \\ y_2 &= r\sin\psi \end{aligned}$$

mit $r \in \mathbf{R}_+$ und $\psi \in [0, 2\pi]$. Für das Folgende wird sich eine andere Darstellung als zweckmäßiger erweisen. Wählt man nämlich zu $(x_1, x_2) \in \mathbf{R}^2$ für den Punkt $(-x_2, -x_1)$ obige Darstellung, so ergibt sich

$$\begin{aligned} -x_2 &= r\cos\psi \\ -x_1 &= r\sin\psi \end{aligned}$$

mit $r \in \mathbf{R}_+$ und $\psi \in [0, 2\pi]$. Setzt man $\varphi_1 := \dfrac{\psi - \pi}{2}$, so folgt für (x_1, x_2) die Darstellung

$$(21.2) \qquad \begin{aligned} x_1 &= r\sin 2\varphi_1 \\ x_2 &= r\cos 2\varphi_1 \end{aligned}$$

mit $r \in \mathbf{R}_+$ und $\varphi_1 \in \left[-\dfrac{\pi}{2}, \dfrac{\pi}{2}\right]$. Dies führt zur Definition einer stetigen Abbildung $P^1 : \mathbf{R} \times \mathbf{R} \to \mathbf{R}^2$, deren zwei Komponenten durch

$$(21.3) \qquad \begin{aligned} P_1^1(r, \varphi_1) &:= r\sin 2\varphi_1 \\ P_2^1(r, \varphi_1) &:= r\cos 2\varphi_1 \end{aligned} \qquad ((r, \varphi_1) \in \mathbf{R} \times \mathbf{R})$$

definiert sind.

Allgemein definieren wir auch für $n \geqq 2$ eine stetige Abbildung

$$P^n : \mathbf{R} \times \mathbf{R}^n \to \mathbf{R}^{n+1}$$

mit den Komponenten $P_1^n, \dots, P_{n+1}^n$, indem wir jedem Punkt $(r, \varphi_1, \dots, \varphi_n) \in \mathbf{R} \times \mathbf{R}^n$ den Bildpunkt x mit den Komponenten $x_i := P_i^n(r, \varphi_1, \dots, \varphi_n)$ zuordnen, die wie folgt definiert sind:

$$\begin{aligned}
x_1 &= r \sin \varphi_1; \\
x_2 &= r \cos \varphi_1 \sin \varphi_2; \\
&\vdots \\
x_i &= r \cos \varphi_1 \dots \cos \varphi_{i-1} \sin \varphi_i; \qquad (2 \leqq i \leqq n-1) \\
&\vdots \\
x_n &= r \cos \varphi_1 \dots \cos \varphi_{n-1} \sin 2\varphi_n; \\
x_{n+1} &= r \cos \varphi_1 \dots \cos \varphi_{n-1} \cos 2\varphi_n.
\end{aligned} \tag{21.4}$$

Berechnet man die Quadratsumme der x_i nach dem Schema $(\dots((x_{n+1}^2 + x_n^2) + x_{n-1}^2) + \dots) + x_1^2$, so ergibt sich

$$x_1^2 + \dots + x_{n+1}^2 = r^2. \tag{21.5}$$

Für $n \in \mathbf{N}$, $1 \leqq i \leqq n+1$ und $(r, \varphi_1, \dots, \varphi_{n+1}) \in \mathbf{R} \times \mathbf{R}^{n+1}$ gilt ferner offenbar

$$\begin{aligned}
P_{i+1}^{n+1}(r, \varphi_1, \dots, \varphi_{n+1}) &= \cos \varphi_1 \, P_i^n(r, \varphi_2, \dots, \varphi_{n+1}) \\
&= P_i^n(r \cos \varphi_1, \varphi_2, \dots, \varphi_{n+1}).
\end{aligned} \tag{21.6}$$

Die Eigenschaft (21.5) und das folgende Lemma werden Aufschluß über die geometrische Bedeutung der Abbildungen P^n geben.

21.1 Lemma. *Für jedes $i = 1, \dots, n+1$ bezeichne H_i^n die Hyperebene im $\mathbf{R}^{n+1}$ mit der Gleichung $x_i = 0$; das Intervall $]0, \infty[$ werde mit $\mathbf{R}_+^*$ bezeichnet. Dann gilt*

$$\complement \bigcup_{i=1}^{n+1} H_i^n \subset P^n\left(\mathbf{R}_+^* \times \left]-\frac{\pi}{2}, \frac{\pi}{2}\right[^n\right) \subset P^n\left(\mathbf{R}_+ \times \left[-\frac{\pi}{2}, \frac{\pi}{2}\right]^n\right) = \mathbf{R}^{n+1}$$

Beweis. Wir haben zu zeigen, daß zu jedem $(x_1, \dots, x_{n+1}) \in \mathbf{R}^{n+1}$ bzw. $\in \complement \bigcup_{i=1}^{n+1} H_i^n$ ein $r \in \mathbf{R}_+$ bzw. $\in \mathbf{R}_+^*$ und $(\varphi_1, \dots, \varphi_n)$

$\in\left[-\frac{\pi}{2},\frac{\pi}{2}\right]^n$ bzw. $\in\left]-\frac{\pi}{2},\frac{\pi}{2}\right[^n$ existieren, so daß

$$P^n(r,\varphi_1,\ldots,\varphi_n)=(x_1,\ldots,x_{n+1})$$

gilt. Wir führen diesen Beweis durch vollständige Induktion nach $n\in\mathbf{N}$.

(1) Für $n=1$ wissen wir bereits aus (21.2), daß zu $(x_1,x_2)\in\mathbf{R}^2$ ein $r\in\mathbf{R}_+$ und ein $\varphi_1\in\left[-\frac{\pi}{2},\frac{\pi}{2}\right]$ mit $P^1(r,\varphi_1)=(x_1,x_2)$ existieren. Liegt (x_1,x_2) nicht in $H_1^1\cup H_2^1$, so ist insbesondere $x_1\neq 0$; daher folgt $r>0$ und $\varphi_1\in\left]-\frac{\pi}{2},\frac{\pi}{2}\right[$.

(2) Die Behauptung gelte für ein $n\in\mathbf{N}$. Um zu zeigen, daß sie dann auch für $n+1$ richtig ist, wählen wir

$$(x_1,\ldots,x_{n+2})\in\mathbf{R}^{n+2}\quad\text{bzw.}\quad\in\complement\bigcup_{i=1}^{n+2}H_i^{n+1}$$

und setzen $r:=\sqrt{x_1^2+\ldots+x_{n+2}^2}$.

Zu x_1 existiert wegen $|x_1|\leqq r$ bzw. $0<|x_1|<r$ ein $\varphi_1\in\left[-\frac{\pi}{2},\frac{\pi}{2}\right]$ bzw. $\in\left]-\frac{\pi}{2},\frac{\pi}{2}\right[$ mit

$$x_1=r\sin\varphi_1\,.$$

Nach Induktionsannahme gibt es zu $(x_2,\ldots,x_{n+2})\in\mathbf{R}^{n+1}$ ein $(\varrho,\varphi_2,\ldots,\varphi_{n+1})\in\mathbf{R}_+\times\left[-\frac{\pi}{2},\frac{\pi}{2}\right]^n$ mit

$$P^n(\varrho,\varphi_2,\ldots,\varphi_{n+1})=(x_2,\ldots,x_{n+2})\,.$$

Für $(x_1,\ldots,x_{n+2})\in\complement\bigcup_{i=1}^{n+2}H_i^{n+1}$ ist $(x_2,\ldots,x_{n+2})\in\complement\bigcup_{i=1}^{n+1}H_i^n$ und somit sogar $(\varrho,\varphi_2,\ldots,\varphi_{n+1})$ in $\mathbf{R}_+^*\times\left]-\frac{\pi}{2},\frac{\pi}{2}\right[^n$ wählbar.

Nach (21.5) ist $\varrho^2=x_2^2+\ldots+x_{n+2}^2$, also gilt wegen

$$r^2 = x_1^2 + (x_2^2 + \ldots + x_{n+2}^2) = r^2 \sin^2 \varphi_1 + \varrho^2:$$

$$\varrho = r \cos \varphi_1 .$$

(21.6) liefert dann für $1 \leqq i \leqq n+1$

$$x_{i+1} = P_i^n(r \cos \varphi_1, \varphi_2, \ldots, \varphi_{n+1}) = P_{i+1}^{n+1}(r, \varphi_1, \ldots, \varphi_{n+1})$$

und somit

$$P^{n+1}(r, \varphi_1, \ldots, \varphi_{n+1}) = (x_1, \ldots, x_{n+2}). \quad \square$$

21.2 Definition. *Jedes* $(n+1)$*-Tupel* $(r, \varphi_1, \ldots, \varphi_n)$ *mit* $r \geqq 0$, $\varphi_i \in \left[-\frac{\pi}{2}, \frac{\pi}{2}\right]$ $(i = 1, \ldots, n)$ *und* $P^n(r, \varphi_1, \ldots, \varphi_n) = x$ *heiße ein* $(n+1)$*-Tupel von Polarkoordinaten für* $x \in \mathbf{R}^{n+1}$.

21.3 Bemerkungen. (1) Polarkoordinaten sind nicht immer eindeutig bestimmt. So gibt es z.B. für $n = 1$ und Punkte $x = (x_1, x_2)$ mit $x_1 = 0, x_2 \leqq 0$ sowie für $n = 2$ und Punkte $x = (x_1, x_2, x_3)$ mit $x_2 = 0, x_3 \leqq 0$ mehr als nur ein $(n+1)$-Tupel von Polarkoordinaten.

(2) Üblicherweise wählt man für $n = 1$ die Darstellung

$$P^1(r, \varphi_1) = \tau(x_1, x_2)$$

mit dem Koordinaten-Wechsel

$$\tau: (x_1, x_2) \mapsto (-x_2, -x_1).$$

Dann nämlich gilt mit $\vartheta := 2\varphi_1 + \pi$:

$$x_1 = r \cos \vartheta,$$
$$x_2 = r \sin \vartheta$$

mit $r \geqq 0$ und $\vartheta \in [0, 2\pi]$. ϑ ist dabei der Winkel zwischen der positiven x_1-Achse und dem Halbstrahl durch 0 und x.

(3) Im dreidimensionalen Raum ($n = 2$) wählt man meistens die Darstellung

$$P^2(r, \varphi_1, \varphi_2) = \tau(x_1, x_2, x_3)$$

mit dem Koordinaten-Wechsel

$$\tau: (x_1, x_2, x_3) \mapsto (x_3, -x_2, -x_1).$$

Mit den Festsetzungen $\varphi := \varphi_1$ und $\vartheta := 2\varphi_2 + \pi$ gilt dann:

$$x_1 = r \cos\varphi \cos\vartheta,$$
$$x_2 = r \cos\varphi \sin\vartheta,$$
$$x_3 = r \sin\varphi,$$

wobei $r \geqq 0$, $\varphi \in \left[-\frac{\pi}{2}, \frac{\pi}{2}\right]$ und $\vartheta \in [0, 2\pi]$. φ ist dabei die „geographische Breite" und ϑ die „geographische Länge" des Punktes (x_1, x_2, x_3).

Um den Transformationssatz auf P^n anwenden zu können, zeigen wir noch folgendes Lemma:

21.4 Lemma. *$P^n: \mathbf{R} \times \mathbf{R}^n \to \mathbf{R}^{n+1}$ ist stetig differenzierbar, und für die Funktionaldeterminante $\Delta_n := \det DP^n$ gilt:*

$$\Delta_1(r, \varphi_1) = -2r,$$

(21.7)
$$\Delta_n(r, \varphi_1, \ldots, \varphi_n)$$
$$= (-1)^n \, 2r^n \cos^{n-1}\varphi_1 \cos^{n-2}\varphi_2 \ldots \cos\varphi_{n-1} \qquad (n \geqq 2).$$

Beweis. Die stetige Differenzierbarkeit von P^n ist unmittelbar ersichtlich. Wir zeigen durch vollständige Induktion, daß (21.7) gilt.

Offenbar ist $\Delta_1(r, \varphi_1) = -2r$; die Behauptung sei nun für $n \in \mathbf{N}$ richtig. Zur Berechnung von $\Delta_{n+1}(r, \varphi_1, \ldots, \varphi_{n+1})$ wende man auf die erste Zeile dieser Determinante den Laplaceschen Entwicklungssatz an und beachte, daß wegen (21.6) für $1 \leqq i \leqq n+1$ und $2 \leqq j \leqq n+1$ gilt:

$$\frac{\partial P_{i+1}^{n+1}}{\partial r}(r, \varphi_1, \ldots, \varphi_{n+1}) = \cos\varphi_1 \frac{\partial P_i^n}{\partial r}(r, \varphi_2, \ldots, \varphi_{n+1}),$$

$$\frac{\partial P_{i+1}^{n+1}}{\partial \varphi_1}(r, \varphi_1, \ldots, \varphi_{n+1}) = -\sin\varphi_1 P_i^n(r, \varphi_2, \ldots, \varphi_{n+1})$$
$$= -r \sin\varphi_1 \frac{\partial P_i^n}{\partial r}(r, \varphi_2, \ldots, \varphi_{n+1}),$$

$$\frac{\partial P_{i+1}^{n+1}}{\partial \varphi_j}(r, \varphi_1, \ldots, \varphi_{n+1}) = \cos\varphi_1 \frac{\partial P_i^n}{\partial \varphi_j}(r, \varphi_2, \ldots, \varphi_{n+1}).$$

Dann erhält man

$$\Delta_{n+1}(r, \varphi_1, \ldots, \varphi_{n+1}) = -r\cos^n \varphi_1\, \Delta_n(r, \varphi_2, \ldots, \varphi_{n+1}).$$

Unter Benutzung der Induktionsannahme folgt daher die Behauptung. □

Entscheidend für das Folgende ist nun die Feststellung:

21.5 Satz. *Die Restriktion von P^n auf die offene Menge $G := \mathbf{R}_+^* \times \left]-\frac{\pi}{2}, \frac{\pi}{2}\right[^n$ ist ein C^1-Diffeomorphismus von G auf eine offene Menge $G' \subset \mathbf{R}^{n+1}$. Diese liegt dicht in $\mathbf{R}^{n+1}$, und $\mathbf{R}^{n+1} \setminus G'$ ist eine λ^{n+1}-Nullmenge.*

Beweis. (1) P^n ist auf G injektiv. Aus

$$P^n(r, \varphi_1, \ldots, \varphi_n) = P^n(r', \varphi_1', \ldots, \varphi_n')$$

mit $r, r' > 0$ und $\varphi_i, \varphi_i' \in \left]-\frac{\pi}{2}, \frac{\pi}{2}\right[$ $(i = 1, \ldots, n)$ folgt nämlich wegen (21.5) zunächst $r = r'$ und sodann $\varphi_i = \varphi_i'$ $(i = 1, \ldots, n)$ durch sukzessiven Vergleich der Koordinaten gemäß (21.4).

(2) $\mathrm{Rest}_G P^n$ ist nach (1) und 21.4 eine stetig differenzierbare Bijektion von G auf $G' := P^n(G)$, deren Funktionaldeterminante auf G keine Nullstelle hat. Nach dem Satz über inverse Funktionen ist G' offen in $\mathbf{R}^{n+1}$; gemäß 20.2 ist $\mathrm{Rest}_G P^n$ ein C^1-Diffeomorphismus.

(3) Die Menge $A := \complement \bigcup_{i=1}^{n+1} H_i^n$ aller Punkte des $\mathbf{R}^{n+1}$, deren sämtliche Koordinaten $\neq 0$ sind, liegt dicht in $\mathbf{R}^{n+1}$. Dasselbe gilt dann für die A gemäß Lemma 21.1 umfassende Menge G'. Als Vereinigung endlich vieler Hyperebenen ist $\complement A$ eine Nullmenge, also ist auch $\complement G' \subset \complement A$ eine Nullmenge. □

Nunmehr kann der Transformationssatz auf die Abbildung P^n angewandt werden. Für Teilmengen A' der in 21.5 definierten Menge G' kann 20.10 unmittelbar herangezogen werden. Allgemeiner gilt:

21.6 Satz. *Sei A' eine Teilmenge von $\mathbf{R}^{n+1}$ und*

$$A := (P^n)^{-1}(A') \cap \left(\mathbf{R}_+ \times \left[-\frac{\pi}{2}, \frac{\pi}{2}\right]^n\right).$$

Dann gilt für jede auf A' definierte numerische Funktion f: Genau dann ist f über A' λ^{n+1}-integrierbar, wenn $f \circ P^n |\Delta_n|$ über A λ^{n+1}-integrierbar ist. In diesem Fall gilt die Gleichheit

$$\int_{A'} f\, d\lambda^{n+1} = \int_A f \circ P^n |\Delta_n|\, d\lambda^{n+1}. \tag{21.8}$$

Beweis. Man wähle G und G' wie in 21.5 und bezeichne mit φ den C^1-Diffeomorphismus $\mathrm{Rest}_G\, P^n$ von G auf G'. Setzt man $B' := A' \cap G'$ und $B = \varphi^{-1}(B')$, so ist gemäß 20.10 die Integrierbarkeit von f über B' gleichbedeutend mit der von $f \circ \varphi |\det D\varphi|$ über B. Ist f über B' integrierbar, so gilt

$$\int_{B'} f\, d\lambda^{n+1} = \int_B f \circ \varphi |\det D\varphi|\, d\lambda^{n+1} = \int_B f \circ P^n |\Delta_n|\, d\lambda^{n+1}.$$

Da jede numerische Funktion über jede Nullmenge integrierbar und das entsprechende Integral Null ist, genügt es wegen der Additivitätseigenschaft (14.6), $A' \setminus B'$ und $A \setminus B$ als λ^{n+1}-Nullmengen nachzuweisen.

Nach 21.5 ist aber $\mathbf{R}^{n+1} \setminus G'$ eine Lebesguesche Nullmenge und daher

$$A' \setminus B' = A' \setminus (A' \cap G') \subset \mathbf{R}^{n+1} \setminus G'$$

als Teilmenge dieser selbst eine Lebesguesche Nullmenge. Setzen wir $M := \mathbf{R}_+ \times \left[-\frac{\pi}{2}, \frac{\pi}{2}\right]^n$, so ist $M \setminus G$ als Rand von M Vereinigung endlich vieler Teilmengen von Hyperebenen, also eine λ^{n+1}-Nullmenge. Wegen

$$\begin{aligned} A \setminus B &= \big((P^n)^{-1}(A') \cap M\big) \setminus \varphi^{-1}(A' \cap G') \\ &= (P^n)^{-1}(A') \cap M \setminus \big((P^n)^{-1}(A') \cap G\big) = \\ &= (P^n)^{-1}(A') \cap (M \setminus G) \subset M \setminus G \end{aligned}$$

ist daher auch $A \setminus B$ eine Lebesguesche Nullmenge. □

Wir wenden uns nun einigen Anwendungen dieses Resultates zu. In der Physik spielen Integrale der Form

$$\int_{A'} \frac{\varrho(x)}{\|x\|} \lambda^3(dx)$$

über Gebiete $A' \subset \mathbf{R}^3$ mit der „Massenbelegung" $\varrho \geqq 0$ eine Rolle. Zur Berechnung solcher und allgemeinerer Integrale bezeichnen wir mit α_p wie in (19.1) das p-dimensionale Volumen der p-dimensionalen Einheitskugel.

21.7 Satz. *Sei I ein beliebiges Teilintervall von $\mathbf{R}_+$ und $H(I) := \{x \in \mathbf{R}^{n+1} : \|x\| \in I\}$; ferner sei h eine reelle Funktion auf I. Genau dann ist die Funktion $x \mapsto h(\|x\|)$ über $H(I)$ λ^{n+1}-integrierbar, wenn $r \mapsto h(r) r^n$ über I λ^1-integrierbar ist. Es gilt dann*

$$\int_{H(I)} h(\|x\|)\, \lambda^{n+1}(dx) = (n+1)\alpha_{n+1} \int_I h(r) r^n \lambda^1(dr). \tag{21.9}$$

Beweis. Wir wenden Satz 21.6 auf $A' := H(I)$ und die Funktion $f : x \mapsto h(\|x\|)$ an, welche auf A' definiert ist. Danach ist diese Funktion genau dann über $H(I)$ λ^{n+1}-integrierbar, wenn $f \circ P^n |\Delta_n|$ über $A := (P^n)^{-1}(A') \cap \left(\mathbf{R}_+ \times \left[-\frac{\pi}{2}, \frac{\pi}{2}\right]^n\right)$ λ^{n+1}-integrierbar ist. Es gilt dann

$$\int_{H(I)} h(\|x\|)\, \lambda^{n+1}(dx) = \int_A f \circ P^n |\Delta_n|\, d\lambda^{n+1}.$$

Folglich ist noch zu zeigen, daß $f \circ P^n |\Delta_n|$ genau dann über A λ^{n+1}-integrierbar ist, wenn $r \mapsto h(r) r^n$ über I λ^1-integrierbar ist; ferner muß dann noch

$$\int_A f \circ P^n |\Delta_n|\, d\lambda^{n+1} = (n+1)\alpha_{n+1} \int_I h(r) r^n \lambda^1(dr)$$

nachgewiesen werden.

Nun ist aber $A = I \times \left[-\frac{\pi}{2}, \frac{\pi}{2}\right]^n$; der Funktionswert von $f \circ P^n |\Delta_n|$ an der Stelle $(r, \varphi_1, \ldots, \varphi_n) \in A$ ist wegen (21.5) und (21.7) gleich

$$h(r)\, 2r^n \cos^0 \varphi_n \cdot \ldots \cdot \cos^{n-1} \varphi_1 .$$

Aus der λ^1-Integrierbarkeit von $r \mapsto h(r) r^n$ über I folgt daher die λ^{n+1}-Integrierbarkeit von $f \circ P^n |\Delta_n|$ über A aus 18.5. Die Umkehrung liefert 18.3, indem man den Integranden in Positiv- und Negativteil zerlegt. Danach ist nämlich

$$\begin{aligned} r \mapsto & \int_{\left[-\frac{\pi}{2},\frac{\pi}{2}\right]^n} h(r) 2r^n \cos^0 \varphi_n \cdot \ldots \cdot \cos^{n-1} \varphi_1 \, \lambda^n(d(\varphi_1, \ldots, \varphi_n)) \\ &= 2h(r) r^n \int_{\left[-\frac{\pi}{2},\frac{\pi}{2}\right]^n} \cos^0 \varphi_n \cdot \ldots \cdot \cos^{n-1} \varphi_1 \, \lambda^n(d(\varphi_1, \ldots, \varphi_n)) \\ &= 2\beta_0 \cdot \ldots \cdot \beta_{n-1} h(r) r^n \end{aligned}$$

über I λ^1-integrierbar, wobei wie in (19.4)

$$\beta_k = \int_{-\frac{\pi}{2}}^{\frac{\pi}{2}} \cos^k \varphi \, d\varphi \qquad (k = 0, 1, \ldots)$$

gesetzt wurde. Es ist offenbar jedes $\beta_k > 0$ und somit $r \mapsto h(r) r^n$ über I λ^1-integrierbar. Schließlich liefert jeder der zitierten Sätze noch

$$\int_A f \circ P^n |\Delta_n| \, d\lambda^{n+1} = 2\beta_0 \cdot \ldots \cdot \beta_{n-1} \int_I h(r) r^n \, \lambda^1(dr),$$

so daß

$$\int_{A'} h(\|x\|) \, \lambda^{n+1}(dx) = 2\beta_0 \cdot \ldots \cdot \beta_{n-1} \int_I h(r) r^n \, \lambda^1(dr)$$

ist.

Nun kann man entweder das Produkt der Koeffizienten $\beta_0, \ldots, \beta_{n-1}$ wie in 19.1, Beispiel (1) berechnen oder aber wie folgt schließen: Man wende die gewonnene Gleichheit auf den Fall $I = [0, 1]$ und die konstante Funktion $h = 1$ an. Offenbar ist dann $A' = H(I)$ die $(n+1)$-dimensionale abgeschlossene Einheitskugel und somit

$$\alpha_{n+1} = \int_{A'} 1 \, d\lambda^{n+1} = 2\beta_0 \cdot \ldots \cdot \beta_{n-1} \int_0^1 r^n \, dr,$$

also $2\beta_0 \cdot \ldots \cdot \beta_{n-1} = (n+1)\alpha_{n+1}$. Damit ist der Satz bewiesen. □

Die abschließende Gleichheit

$$(n+1)\alpha_{n+1} = 2\beta_0 \cdot \ldots \cdot \beta_{n-1}$$

kann übrigens dazu verwendet werden, um mit Hilfe von

21.7 das Kugelvolumen α_{n+1} auf neuem, von 19.1 unabhängigem Wege zu berechnen.

Abschließend soll die Nützlichkeit dieses Satzes und damit generell die der Einführung von Polarkoordinaten an Hand einiger Beispiele demonstriert werden.

21.8 Beispiele. (1) Seien a und b reelle Zahlen >0 und sei I das Intervall $]0, b]$. Die Funktion

$$x \mapsto \frac{1}{\|x\|^a}$$

ist genau dann über $H(I) = \{x \in \mathbf{R}^{n+1} : 0 < \|x\| \leqq b\}$ λ^{n+1}-integrierbar, wenn $r \mapsto r^{n-a}$ über I λ^1-integrierbar ist. Gemäß 7.3, Beispiel (2) ist dies genau dann der Fall, wenn $a - n < 1$, d.h.

$$a < n + 1$$

ist. In diesem Fall gilt

$$\text{(21.10)} \qquad \int_{H(I)} \frac{1}{\|x\|^a} \lambda^{n+1}(dx) = \frac{n+1}{n+1-a} \alpha_{n+1} b^{n+1-a}.$$

Unter Verwendung von 17.2, Beispiel (4) ergibt sich analog:

(2) Die Funktion $x \mapsto \dfrac{1}{\|x\|^a}$ ist genau dann über die Menge aller $x \in \mathbf{R}^{n+1}$ mit $\|x\| \geqq b$ λ^{n+1}-integrierbar, wenn

$$a > n + 1$$

ist $(a > 0, b > 0)$. In diesem Fall ist das betreffende λ^{n+1}-Integral gleich

$$\text{(21.11)} \qquad \frac{n+1}{a-n-1} \alpha_{n+1} b^{n+1-a}.$$

(3) Sei $B \subset \mathbf{R}^n$ eine beschränkte λ^n-meßbare Menge und $n \geqq 3$. Ferner sei $\varrho \geqq 0$ eine beschränkte, über B kompakt λ^n-integrierbare Funktion. Dann existiert das sogenannte *Potential* mit der Massenbelegung ϱ, nämlich die auf $\mathbf{R}^n$ durch

$$x \mapsto \int_{B \setminus \{x\}} \frac{\varrho(y)}{\|x-y\|^{n-2}} \lambda^n(dy)$$

definierte Funktion.

Um dies einzusehen, ziehen wir zunächst die Translationsinvarianz 20.11 des Lebesgue-Maßes heran. Danach genügt es, den Fall $x=0$ zu betrachten.

Wegen der Beschränktheit von B existiert ein Intervall $I =]0, b]$ mit $b > 0$ und $B \setminus \{0\} \subset H(I) = \{x \in \mathbf{R}^n : 0 < \|x\| \leqq b\}$*. Nach Beispiel (1) ist $y \mapsto \frac{1}{\|y\|^{n-2}}$ wegen $0 < n-2 < n$ über $H(I)$ und somit über die meßbare Teilmenge $B \setminus \{0\}$ von $H(I)$ λ^n-integrierbar. Da ϱ über B und folglich auch über $B \setminus \{0\}$ kompakt λ^n-integrierbar und überdies beschränkt ist, ist gegemäß 12.14 (6) das Produkt $y \mapsto \frac{\varrho(y)}{\|y\|^{n-2}}$ dieser Funktionen über $B \setminus \{0\}$ λ^n-integrierbar.

(4) Die auf $\mathbf{R}$ definierte Funktion $f: x \mapsto e^{-x^2}$ ist λ^1-integrierbar. Es gilt

$$\int_{-\infty}^{\infty} e^{-x^2} dx = \sqrt{\pi}. \tag{21.12}$$

Dies läßt sich wie folgt einsehen: Als stetige reelle Funktion auf $\mathbf{R}$ ist f kompakt λ^1-integrierbar; es gilt

$$\int_{-n}^{n} e^{-x^2} dx = 2\int_{0}^{n} e^{-x^2} dx = 2\int_{0}^{1} e^{-x^2} dx + 2\int_{1}^{n} e^{-x^2} dx$$

für jedes $n \in \mathbf{N}$. Da für $x \geqq 1$ die Abschätzungen $x \leqq x^2$ und $e^{-x^2} \leqq e^{-x}$ gelten, folgt

$$\sup_{n \in \mathbf{N}} \int_{-n}^{n} e^{-x^2} dx \leqq 2\int_{0}^{1} e^{-x^2} dx + 2\int_{1}^{\infty} e^{-x} dx < \infty$$

wegen der λ^1-Integrierbarkeit von $x \mapsto e^{-x}$ über $[1, \infty[$ (vgl. 17.2, Beispiel (1)). Nach 15.2 (2) ist f daher λ^1-integrierbar. Wegen 18.5 ist dann die Funktion

$$(x, y) \mapsto e^{-x^2-y^2} = e^{-x^2} e^{-y^2}$$

* Man beachte den Wechsel der Dimension gegenüber dem Bisherigen.

über $\mathbf{R}^2$ λ^2-integrierbar; es gilt

$$\int e^{-x^2-y^2}\,\lambda^2(d(x,y)) = \left(\int_{-\infty}^{\infty} e^{-x^2}\,dx\right)^2.$$

Zufolge $e^{-x^2-y^2} = e^{-\|(x,y)\|^2}$ kann Satz 21.7 herangezogen werden. Danach ist (für $I = [0,\infty[$)

$$\int e^{-x^2-y^2}\,\lambda^2(d(x,y)) = 2\alpha_2 \int_0^{\infty} e^{-r^2}\,r\,dr = \pi \int_0^{\infty} e^{-r^2}(2r)\,dr$$

$$= \pi \int_0^{\infty} e^{-t}\,dt = \pi,$$

also folgt

$$\int_{-\infty}^{\infty} e^{-x^2}\,dx = \sqrt{\pi}.$$

(Dabei wurde der Transformationssatz für den C^1-Diffeomorphismus $t \mapsto t^2$ von $]0,\infty[$ auf sich benutzt.)

(5) Für die in 17.2, Beispiel (7) definierte Gamma-Funktion ergibt sich nun der noch nachzutragende Beweis für die Formel (17.9):

$$\Gamma\left(\tfrac{1}{2}\right) = \sqrt{\pi}.$$

Abermals mit Hilfe der Transformation $y \mapsto y^2$ erhält man nämlich

$$\Gamma\left(\tfrac{1}{2}\right) = \int_0^{\infty} e^{-y}\,y^{-\frac{1}{2}}\,dy = 2\int_0^{\infty} e^{-x^2}\,dx = \int_{-\infty}^{\infty} e^{-x^2}\,dx = \sqrt{\pi}.$$

(6) Die auf $\mathbf{R}$ definierte positive Funktion $x \mapsto \frac{1}{\sqrt{2\pi}}\,e^{-\frac{x^2}{2}}$ ist λ^1-integrierbar. Dies zeigt Beispiel (4). Es gilt nämlich

$$\frac{1}{\sqrt{2\pi}} \int_{-\infty}^{\infty} e^{-\frac{x^2}{2}}\,dx = \frac{1}{\sqrt{\pi}} \int_{-\infty}^{\infty} e^{-t^2}\,dt = 1.$$

Obige Funktion wird auf Grund der Form ihres Graphen als *Gaußsche Glockenfunktion* bezeichnet. Sie spielt in der Wahrscheinlichkeitstheorie bei der Definition der *Normalverteilung* eine wichtige Rolle.

Anhang

Über verschiedene Maßbegriffe

Die Kenntnis der Integration stetiger reeller Funktionen auf kompakten Intervallen und die Aufgabe, aus dieser Kenntnis heraus die mehrdimensionale Integration zu entwickeln, haben uns weitgehend zwangsläufig zu dem in der vorliegenden Darstellung verwendeten Begriff eines Maßes geführt. Er basiert auf dem des Radon-Maßes auf kompakten metrischen Räumen und führt die Integration auf einem beliebigen metrischen Raum E zurück auf die Integration nach Radon-Maßen auf kompakten Unterräumen von E.

Zwei Beobachtungen sind dabei besonders hervorzuheben:

(A.1) Ist E kompakt, so ist jedes Maß auf E ein Funktional, nämlich eine positive Linearform auf dem Vektorraum $\mathscr{C}(E)$ der stetigen reellen Funktionen auf E.

(A.2) Aus der Kenntnis des Systems der meßbaren Mengen und des äußeren Maßes auf diesem können die Begriffe der Integrierbarkeit und des Integrals zurückgewonnen werden. (Vgl. 16.9).

Jede dieser Beobachtungen führt zu verschiedenen Maßbegriffen und darauf aufbauenden Integrationstheorien.

I. Zunächst soll der durch (A.1) ausgelösten Frage nachgegangen werden, ob auch für nicht kompaktes E ein Maß als Funktional auf einem geeigneten Vektorraum stetiger reeller Funktionen aufgefaßt werden kann. Als Funktionenmenge bietet sich dabei der bereits in § 20 aufgetretene Vektorraum $\mathscr{K}(E)$ der stetigen reellen Funktionen mit kompaktem Träger an. Gemäß 12.12, Beispiel (3) ist nämlich jede seiner Funktionen μ-integrierbar bezüglich eines jeden Maßes μ auf E. Folglich ist

$$f \mapsto \int f \, d\mu$$

eine positive Linearform J_μ auf $\mathcal{K}(E)$. Man kann zeigen, daß μ durch J_μ eindeutig bestimmt ist, sofern E die folgende zusätzliche Eigenschaft besitzt:

(A3) E ist *lokal-kompakt*, d. h. jeder Punkt $x \in E$ besitzt eine kompakte Umgebung.

(Jeder kompakte Raum und der $\mathbf{R}^p$ sind derartige Räume.) Die angekündigte Aussage wird daher durch folgenden Darstellungssatz verschärft:

A. 1 *Auf dem lokal-kompakten Raum E existiert zu jeder positiven Linearform $J: \mathcal{K}(E) \to \mathbf{R}$ genau ein Maß μ mit $J = J_\mu$.*

Ist der Raum E sogar kompakt, so fällt $\mathcal{K}(E)$ mit $\mathcal{C}(E)$ zusammen, und A.1 reduziert sich auf die Definition und die Interpretation 11.6 eines Radon-Maßes auf E als Familie verträglicher Maße. Für lokal-kompakte Räume E nennt man deswegen positive Linearformen auf $\mathcal{K}(E)$ auch *positive Radon-Maße* auf E.

Vermöge des Darstellungssatzes A.1 ist jedem positiven Radon-Maß J auf dem lokal-kompakten metrischen Raum E in kanonischer Weise ein Maß μ auf E zugeordnet. Dies führt zu der Frage, ob der zu μ gehörige Integralbegriff direkt aus der Kenntnis von J heraus entwickelt werden kann. In weitgehender Analogie zu unserem Vorgehen im ersten Kapitel erweist sich dies als möglich: Jedes derartige Radon-Maß ist direkter Ausgangspunkt einer Integrationstheorie. Der Leser findet sie bei *N. Bourbaki* [4], Chap. 1–8 dargestellt. Dabei entspricht der in [4], Chap. 5 eingeführte Begriff des *wesentlichen* Integrals dem von uns studierten Integralbegriff. (Integrierbare Funktionen werden bei Bourbaki allerdings nicht mittels Ober- und Unterintegral, sondern formal abweichend von unserem Vorgehen als Abschluß von $\mathcal{K}(E)$ im Sinne der Bemerkung 5.11 eingeführt. Für spezielle lokalkompakte Räume kann man eine analog zu Kapitel I aufgebaute Integrationstheorie für Radon-Maße bei *J. Dieudonné* [7] nachlesen.)

Der Begriff der lokalen Kompaktheit wurde in unserer Darstellung nicht benutzt. Überdies haben wir von der Metrik selbst kaum Gebrauch gemacht, sondern topologische Eigenschaften des metrischen Raumes E benutzt. Die in Kapitel I und II dargestellte Integrationstheorie bleibt daher bei sinngemäßer Übertragung sogar für beliebige topologische Hausdorff-Räume gültig. (Insbesondere gelten die vorangehenden Bemerkungen auch für beliebige lokal-kompakte Hausdorff-Räume.) Bourbaki trägt diesem Umstand durch das seiner Darstellung der Integrationstheorie hinzugefügte Chapitre 9 Rechnung. Die von uns betrachteten Maße entsprechen dabei dort den Prämaßen, unser Oberintegral ist das dortige wesentliche Oberintegral.

Für tiefergreifende Teile der Theorie werden in [4], Chap. 9 nur solche Maße $\mu = (\mu_K)_{K \in \mathfrak{K}}$ auf einem Hausdorff-Raum E betrachtet, die in folgendem Sinne *lokal-beschränkt* sind: Jeder Punkt $x \in E$ besitzt eine offene Umgebung V_x, deren äußeres Maß endlich ist. Im lokal-kompakten Fall ist diese Nebenbedingung von selbst erfüllt, da V_x relativ kompakt gewählt werden kann.

Für nicht lokal-kompakte Räume E ist eine Beschreibung derartiger Maße als positive Linearformen auf $\mathscr{K}(E)$ nicht mehr möglich. Wohl aber lassen sie sich in Verbindung bringen mit abstrakten Maßen, auf die im folgenden eingegangen werden soll.

II. Die Beobachtung (A.2) führt zu einer ganz anderen Kennzeichnung dieser Maße. Zu deren Formulierung sollen zunächst zwei Begriffsbildungen eingeführt werden.

Sei E eine Menge und $\mathfrak{A}$ ein System von Teilmengen von E mit den folgenden, zu (13.9) bis (13.11) analogen Eigenschaften: $\mathfrak{A}$ enthalte die leere Menge; ferner sei $\mathfrak{A}$ stabil bezüglich der Bildung von Komplementen und abzählbaren Vereinigungen. Dann nennt man $\mathfrak{A}$ eine *σ-Algebra* in E. Ist darüber hinaus $m: \mathfrak{A} \to [0, \infty]$ eine numerische Funktion auf $\mathfrak{A}$ mit Werten $\geqq 0$ und gilt

$$m(\emptyset) = 0$$

sowie

$$m\left(\bigcup_{n=1}^{\infty} A_n\right) = \sum_{n=1}^{\infty} m(A_n)$$

für jede Folge (A_n) paarweise fremder Mengen aus $\mathfrak{A}$ (σ-Additivität), so heißt m ein *abstraktes Maß* auf $\mathfrak{A}$.

Jedes Maß $\mu = (\mu_K)_{K \in \mathfrak{K}}$ auf einem metrischen Raum E führt gemäß 13.7 zu dem abstrakten Maß $A \mapsto \mu^*(A)$ auf der σ-Algebra $\mathfrak{A}(\mu)$ der μ-meßbaren Mengen. Nach 13.2 enthält $\mathfrak{A}(\mu)$ alle offenen Teilmengen von E. Da der Durchschnitt jeder Familie von σ-Algebren in E wieder eine σ-Algebra ist, existiert eine kleinste σ-Algebra in E, welche alle offenen Mengen enthält. Diese heißt die σ-Algebra der *Borelschen Teilmengen* von E und wird mit $\mathfrak{B}(E)$ bezeichnet. Offenbar gilt

$$\mathfrak{B}(E) \subset \mathfrak{A}(\mu)$$

für jedes Maß μ auf E. Somit ist die Restriktion m_μ von μ^* auf $\mathfrak{B}(E)$ ein abstraktes Maß mit den beiden folgenden Zusatzeigenschaften:

(A.4) $$m_\mu(K) < \infty \qquad \text{für alle } K \in \mathfrak{K};$$

(A.5) $$m_\mu(A) = \sup\{m_\mu(K) : K \in \mathfrak{K},\ K \subset A\} \qquad \text{für alle } A \in \mathfrak{B}(E).$$

Für jede kompakte Menge $K \subset E$ ist nämlich $m_\mu(K) = \mu_K(K)$, und (A.5) gilt gemäß 14.10 sogar für alle μ-meßbaren Mengen. Jedes abstrakte Maß m auf $\mathfrak{B}(E)$ mit der Zusatzeigenschaft (A.4) nennt man ein *Borel-Maß* auf E. Ist überdies (A.5) erfüllt, so spricht man von einem (von innen) *regulären* Borel-Maß.

Man kann nun zeigen (vgl. [4], Chap. 9, S. 46), daß μ durch m_μ eindeutig bestimmt ist. Schärfer gilt:

A. 2 *Zu jedem von innen regulären Borel-Maß m auf einem Hausdorff-Raum E existiert genau ein Maß $\mu = (\mu_K)_{K \in \mathfrak{K}}$ auf E mit $m_\mu = m$.*

Maße in unserem Sinne lassen sich also als reguläre Borel-Maße beschreiben. Dieser Sachverhalt steht in der Darstellung von *L. Schwartz* [18] im Vordergrund.

Interessiert man sich nur für Maße auf $\mathbf{R}^p$, so läßt sich A.2 verschärfen. Dies beruht auf der zusätzlichen Eigenschaft des $\mathbf{R}^p$, sich durch eine Folge kompakter Mengen (etwa Kugeln vom Radius $n \in \mathbf{N}$ mit festem Mittelpunkt $a \in \mathbf{R}^p$) überdecken zu lassen. (Räume mit dieser Eigenschaft nennt man *σ-kompakt*.) In metrischen σ-kompakten lokal-kompakten Räumen ist nämlich jedes Borel-Maß regulär (vgl. [2], 40.4 und 43.5). Somit gilt:

A. 3 *Zu jedem Borel-Maß m auf $\mathbf{R}^p$ existiert genau ein Maß μ auf $\mathbf{R}^p$ mit $m_\mu = m$.*

Darüber hinaus erweist sich m bereits durch seine Werte auf dem System der kompakten Quader des $\mathbf{R}^p$ als eindeutig bestimmt. Angewandt auf das Lebesgue-Maß λ^p besagt dieses Resultat: λ^p ist das einzige Maß μ auf $\mathbf{R}$ mit

$$\mu\left(\prod_{i=1}^{p} [a_i, b_i]\right) = \prod_{i=1}^{p} (b_i - a_i)$$

für jeden kompakten Quader $\prod_{i=1}^{p} [a_i, b_i]$ des $\mathbf{R}^p$. Dabei kann der Begriff Maß im Sinne unserer Definition, als Borel-Maß oder als Radon-Maß verstanden werden.

Die Aussage A.3 bleibt nach obiger Bemerkung auch dann noch richtig, wenn man $\mathbf{R}^p$ durch einen beliebigen lokalkompakten σ-kompakten metrischen Raum E ersetzt.

Ähnlich wie in I stellt sich nun die Frage, ob die Integrationstheorie, welche zu einem Borel-Maß m auf dem Umweg über das im Sinne von A.2 bzw. A.3 zugehörige Maß μ gegeben ist, auch direkt, d.h. ohne explizite Benutzung von μ, entwickelt werden kann. Dies ist in der Tat möglich. Die entscheidenden Konstruktionsschritte sind dabei schon dann ausführbar, wenn lediglich ein abstraktes Maß auf einer σ-Algebra $\mathfrak{A}$ in einer Menge E gegeben ist. Man beschreitet dabei den in 16.9 skizzierten Weg, nachdem man in der Definition der meßbaren Funktionen und der Treppenfunktionen die σ-Algebra $\mathfrak{A}(\mu)$ durch $\mathfrak{A}$ ersetzt hat. Die so entstehende Theorie ist die *abstrakte Maß- und Integrationstheorie*.

Wir erkennen somit, daß es mindestens drei verschiedene Maßbegriffe und darauf aufbauende Integrationstheorien gibt. Für lokal-kompakte Hausdorff-Räume E führen sie wegen der Sätze A.1 und A.2 zu demselben Endresultat, d.h. zum gleichen Integralbegriff. Sowohl bei *P. Courrège* [5] als auch in [2] wird der Zusammenhang zwischen dem funktionalanalytischen und dem abstrakten Maßbegriff ausführlich diskutiert. Dabei steht der sich aus A.1 und A.2 ergebende Darstellungssatz von *F. Riesz* im Mittelpunkt:

A. 4 *Auf einem lokal-kompakten Hausdorff-Raum E existiert zu jeder positiven Linearform J auf $\mathscr{K}(E)$ genau ein von innen reguläres Borel-Maß m auf E mit*

$$J(f) = \int f\,dm \qquad \big(f \in \mathscr{K}(E)\big).$$

Es hängt weitgehend von der Zielrichtung ab, für welchen der drei Maßbegriffe man sich beim Aufbau einer Integrationstheorie entscheidet. Die Erfahrung, vor allem neuere Entwicklungen auf dem Gebiet der Wahrscheinlichkeitstheorie, läßt den Aufbau einer Maß- und Integrationstheorie auf beliebigen topologischen Hausdorff-Räumen notwendig erscheinen. Gerade hier hat sich der von uns gewählte Begriff des Maßes bewährt.

Literaturverzeichnis

Es werden nur die wichtigsten Werke genannt, die zur Vertiefung oder Ergänzung des in diesem Band behandelten Stoffes dienen können.

Die Theorie der metrischen Räume findet man u. a. in [6] und [8]. Zum Anhang sei insbesondere auf [2], [3], [4], [5], [7], [10] und [18] verwiesen. Zur geschichtlichen Entwicklung des Integralbegriffs vergleiche man [11].

[1] *Artin, E.:* The Gamma Function. New York 1964.

[2] *Bauer, H.:* Wahrscheinlichkeitstheorie und Grundzüge der Maßtheorie. Berlin, New York 1974.

[3] *Berberian, S. K.:* Measure and Integration. New York 1970.

[4] *Bourbaki, N.:* Éléments de Mathématique. Livre VI: Intégration. Chap. 1–9. Paris 1959–1969.

[5] *Courrège, P.:* Théorie de la mesure. Centre de Documentation Universitaire, Paris 1966.

[6] *Dieudonné, J.:* Grundzüge der modernen Analysis. Braunschweig 1972.

[7] *Dieudonné, J.:* Treatise on Analysis. Vol. II. New York, London 1970.

[8] *Franz, W.:* Topologie I. Berlin, New York 1973.

[9] *Grauert, H.*, u. *I. Lieb:* Differential- und Integralrechnung III. Berlin, Heidelberg, New York 1968.

[10] *Halmos, P.:* Measure Theory. New York, Heidelberg, Berlin 1974.

[11] *Hawkins, T.:* Lebesue's Theory of Integration. Madison, Milwaukee, London 1970.

[12] *Hewitt, E.*, u. *K. Stromberg:* Real and Abstract Analysis. Berlin, Heidelberg, New York 1965.

[13] *Lang, S.:* Analysis II. Reading 1969.

[14] *Reiffen, H.-J.*, u. *H. W. Trapp:* Einführung in die Analysis III. Mannheim 1973.

[15] *Royden, H. L.:* Real Analysis. New York, London 1968.

[16] *Rudin, W.:* Real and Complex Analysis. New York 1966.

[17] *Schwartz, L.:* Cours d'Analyse Mathématique. Fasc. II. Paris 1967.

[18] *Schwartz, L.:* Radon Measures on Arbitrary Topological Spaces and Cylindrical Measures. Oxford 1973.

[19] *Zaanen, A. C.:* Theory of Integration. Amsterdam 1967.

Symbolverzeichnis

$\square$	Ende eines Beweises
$:=$	definierende Gleichheit
$\mathbf{N}, \mathbf{Q}, \mathbf{R}, \mathbf{C}$	Menge der natürlichen, rationalen, reellen, komplexen Zahlen
$\bar{\mathbf{R}}$	durch ∞ und $-\infty$ erweiterte Zahlengerade
$\mapsto$	Abbildungsvorschrift
$\mathrm{Rest}_A f$	Restriktion der Abbildung f auf die Menge A
$\complement$	Komplement
$\emptyset$	leere Menge
$f \leqq g$	Ordnungsrelation für Funktionen f, g 11
$\mathscr{G}_+$	Menge der positiven Elemente von $\mathscr{G}$ 11
$\mathscr{C}(E)$	Menge der stetigen reellen Funktionen auf E 12
$\mathscr{M}_+(E)$	Menge der positiven Radon-Maße auf E 12
λ_I	Lebesgue-Maß auf einem Intervall I 12
ε_a	Einheitsmasse in a 12, 88
$\mu + \nu$	Summe der Maße μ und ν 13
$\alpha\mu$	Multiplikation des Maßes μ mit $\alpha \in \mathbf{R}_+$ 13
$\varphi(\mu)$	Bildmaß von μ unter der Abbildung φ 14
σ_1	normiertes Haarsches Maß auf der Einheitskreislinie 15
$g\mu$	Maß $g\mu$ mit Dichte g 15
β_φ	Bogenmaß bei der Parametrisierung φ 16
$f^x, {}^y\!f$	17, 66, 133
D_1	Differentialoperator (Ableitung nach der ersten Variablen) 18
λ_Q	Lebesgue-Maß auf Quader Q 21
$f \otimes g$	Tensorprodukt von f und g 21, 68, 134
1_A	Indikatorfunktion von A 23
$\{f < \alpha\}, \{f > \alpha\}, \{f \leqq \alpha\}, \{f \geqq \alpha\}$	23
$\alpha \dotplus \infty$	24
$f + g, \alpha f, f \cdot g, \sup(f, g), \inf(f, g)$	25
$\sup\limits_{i \in I} f_i, \inf\limits_{i \in I} f_i$	obere bzw. untere Einhüllende der f_i 26

$f_n \uparrow f, f_n \downarrow f$	isotone bzw. antitone Folge (f_n) numerischer Funktionen mit $f = \sup f_n$ bzw. $f = \inf f_n$ 27
$\mathscr{H}^o, \mathscr{H}^u$	Mengen halbstetiger Funktionen 29
$\mu^*(f), \mu_*(f)$	30, 31
$\int^*, \int_*$	Ober- und Unterintegral 36, 92
$\int$	Integral 39, 94
$\mathscr{L}^1(\mu)$	Menge aller reellen μ-integrierbaren Funktionen 39, 93
f^+, f^-	Positiv- und Negativteil von f 47
$\bar{S}_U, \underline{S}_U$	Ober- bzw. Untersumme zur Unterteilung U 49
$\bar{R}, \underline{R}$	oberes bzw. unteres Riemann-Integral 54
R	Riemann-Integral 54
h_α	$x \longmapsto \frac{1}{x^\alpha}$ 59, 127
lim inf, lim sup	limes inferior bzw. superior 60, 61
δ_a	Diracsche δ-Funktion 64
$\mu^*(A), \mu_*(A)$	äußeres bzw. inneres μ-Maß der Menge A 70, 97
$\mu(A)$	μ-Maß von A 71, 98
f_A^E, f_A	78
$\int_A^*, \int_{*A}, \int_A$	Ober- bzw. Unterintegral bzw. Integral über A 80, 105
μ_K	von μ auf einer Menge K induziertes Maß 84, 89
$\mathfrak{K}$	System der kompakten Teilmengen 86, 87
$\mathfrak{Q}$	System der kompakten Quader 90
λ^p	Lebesgue-Maß auf $\mathbf{R}^p$ 91
$\mathfrak{A}(\mu)$	System der μ-meßbaren Mengen 101
$\int_a^b f(x)\,dx$	λ^1-Integral von f über ein Intervall mit Endpunkten a und b 124
Γ	Gamma-Funktion 128
$A^x, {}^yA$	x-Schnitt bzw. y-Schnitt von A 135
α_p	Volumen der p-dimensionalen Einheitskugel 137
G_f	Graph von f 141
$Z(g, h)$	141
O_f	Ordinatenmenge von f 144
$D\varphi$	Jacobische Matrix von φ 148
det $D\varphi$	Jacobische Determinante von φ 148
Tf	Träger von f 149
$\mathscr{K}(E)$	Menge aller stetigen reellen Funktionen mit kompaktem Träger auf E 149
P^n	Polarkoordinatenabbildung 163
Δ_n	det DP^n 167
$H(I)$	Kugelring $\{x : \lVert x \rVert \in I\}$ 170

Namenverzeichnis

Borel, Emile	1871–1956
Cantor, Georg	1845–1918
Cavalieri, Bonaventura	1598–1647
Dini, Ulisse	1845–1918
Dirac, Paul Andrien Maurice	1900
Dirichlet, Peter Gustav	1805–1859
Fatou, Pierre	1878–1929
Fubini, Guido	1879–1943
Gauß, Carl Friedrich	1777–1855
Haar, Alfred	1885–1933
Jacobi, Carl Gustav Jakob	1804–1851
Lebesgue, Henri	1875–1941
Levi, Beppo	1875–1961
Radon, Johann	1887–1956
Riemann, Bernhard	1826–1866
Riesz, Friedrich	1880–1956

Sachverzeichnis

abstraktes Maß 178
Additivität des Integrals 42, 96, 106
– des Maßes 76, 102
äußeres Maß 70, 97
– –, Isotonie 74, 100
– –, σ-Additivität 103
– –, σ-Subadditivität 74, 100
aufsteigend filtrierend 31

Bildmaß 14, 41
Bogenlänge 16, 72
Bogenmaß 16
Borel-Maß 178, 179, 180
– Menge 178
Breite, geographische 167

Cavalierisches Prinzip 135
C^1-Diffeomorphismus 148

Darstellungssatz von Riesz 180
Dichte 15, 41
Diffeomorphismus 148
Differenzierbarkeit Parameter-abhängiger Integrale 115
Dini, Satz von 32
Dirac-Funktion 64
– Maß 12, 38, 88, 94
Dirichletsche Sprungfunktion 52, 64
diskretes Maß 12, 41, 88, 94
diskreter metrischer Raum 13, 88

Eindeutigkeit des Lebesgue-Maßes 179
Einheitsmasse 12, 40, 88, 94
Einhüllende, obere bzw. untere 26
Extrema halbstetiger Funktionen 29

Familie, aufsteigend filtrierende 31
fast überall 77, 104
Fatou, Lemma von 62
filtrierend, aufsteigend 31
Flächenstück 142
Fubini, Satz von 67, 133
Funktion, Diracsche δ- 64
–, Dirichletsche Sprung- 52, 64
–, Gamma- 128
–, Gewichts- 13, 88
–, halbstetige 23
–, Indikator- 23
–, meßbare 117, 179
–, Treppen- 118, 179
Funktionaldeterminante 148

Gamma-Funktion 128
Gaußsche Glockenfunktion 174
geographische Breite bzw. Länge 167
Gewichtsfunktion 13, 88
Glockenfunktion 174
Graph 140

Haarsches Maß 15
halbstetig 23
Homogenität des Integrals 96
– von μ^* und μ_*, positive 32
– von Ober- bzw. Unterintegral, positive 37, 92
Hyperebene 103, 143

Indikatorfunktion 23
induziertes Maß 84, 89, 106
inneres Maß 70
Integrabilitätskriterium 43, 45, 73, 119, 121
Integral 39, 94
–, Ober- 36, 80, 92, 105
–, Parameter-abhängiges 115
–, Riemann- 54
– über eine Menge 80, 105
–, uneigentliches 125
–, Unter- 36, 80
–, wesentliches 176
Integration halbstetiger Funktionen 39, 95
– nach einem Bildmaß 41
– nach einem diskreten Maß 41, 95
– nach einem induzierten Maß 85, 107
– nach einem Maß mit Dichte 41
–, sukzessive 19, 69, 136
– über Nullmengen 82, 106
integrierbar 38, 70, 93, 97
–, kompakt 93, 105, 109
–, Riemann- 54
– über eine Menge 80, 105
– über eine Nullmenge 82, 106
integrierbare Menge 71, 97
Intervall, nicht ausgeartetes 16
Invarianz des Haarschen Maßes 15
– des Lebesgue-Maßes 161, 162
Isotonie des äußeren Maßes 74, 101
– des Ober- bzw. Unterintegrals 37, 92

Jacobische Determinante 148
– Matrix 148

kompakt integrierbar 93, 109
– – über eine Menge 105
Konvergenz im Mittel 46
–, majorisierte 63, 113
–, monotone 56, 110
Konvergenzsatz von Fatou 62
– – Lebesgue 63, 113
– – Levi 56, 110
Kugel, Lebesgue-Maß der – 137, 143, 172
Kurve 14

Länge, geographische 167
Lebesgue, Konvergenzsatz von 63, 113
– -Maß auf einem Intervall 12
– – auf einer Kurve 14
– – auf einem Quader 21
– – auf $\mathbf{R}^p$ 91
– – der Kugel 137, 143, 172
– –, Eindeutigkeit 179
– –, Invarianzeigenschaften 161, 162
Lemma von Fatou 62
Levi, Konvergenzsatz von 56, 110
limes inferior bzw. superior 60, 61
Linearform 12
–, positive 12, 42, 97, 175, 176, 180
lokal-beschränkt 177
lokal-kompakt 176

Majorantenkriterium 96
majorisierte Konvergenz 63, 113
Massenbelegung 170, 172
Maß 12, 87
–, abstraktes 178
–, Additivität 76, 102
–, äußeres 70, 97
–, Bild- 14, 41
–, Bogen- 16
–, Borel- 178, 179, 180
–, Dirac- 12, 38, 88, 94
–, diskretes 12, 41, 88, 94
– einer Menge 71, 98

–, Haarsches 15
–, induziertes 84, 89, 106
–, inneres 70
–, Lebesgue- 12, 14, 21, 91
–, Null- 13, 88
–, Prä- 177
–, Radon- 12, 176
–, Regularität 74, 178
–, σ-Additivität 76
–, Subadditivität 76
–, Vollständigkeit 75
meßbare Funktion 117, 179
– Menge 97, 109
metrischer Raum, diskreter 13, 88

nach oben bzw. nach unten halbstetig 23
Negativteil 47
nicht ausgeartetes Intervall 16
Normalverteilung 174
Nullmaß 13, 88
Nullmenge 71, 103
–, Integration über 82, 106

obere Einhüllende 26
oberes Riemann-Integral 54
Oberintegral 36, 92
– über eine Menge 80, 105
–, wesentliches 177
Obersumme 49
Ordinatenmenge 144

Parallelotop 162
Parameter-abhängige Integrale 115
Parametrisierung 14
Polarkoordinaten 166
positive Homogenität 32, 37, 92
– Linearform 12, 42, 97, 175, 176, 180
positives Radon-Maß 12, 176
Positivteil 47
Potential 172
Prämaß 177
Prinzip von Cavalieri 135
Produkt integrierbarer Mengen 72, 135
–, Tensor- 21, 68, 134

Quader 22, 71, 99

Radon-Maß 12, 176
regulär von innen 178
Regularität 74
Riemann-Integral 54
– –, oberes 54
– –, unteres 54
– integrierbar 54
Rieszscher Darstellungssatz 180
Rotationsinvarianz 15

Satz von Cavalieri 135
– – der majorisierten Konvergenz 63, 117
– – der monotonen Konvergenz 56, 110
– – Dini 32
– – Fatou 62
– – Fubini 67, 133
– – Lebesgue 63, 113
– – Levi 56, 110
– – Riesz 180
–, Schnittmengen- 135
–, Schrumpfungs- 150
–, Transformations- 149
–, Vertauschungs- 68, 133
Schnitt 135
Schnittmengensatz 135
Schränkungstransformation 23
Schrumpfung 151
Schrumpfungssatz 150
σ-Additivität 76, 103, 178
σ-Algebra 177
σ-kompakt 179
σ-Subadditivität 74, 100
Sphäre 142
Sprungfunktion, Dirichletsche 52, 64

Stetigkeit Parameter-abhängiger Integrale 115
Subadditivität des Maßes 76
– des Oberintegrals 37, 92
Substitutionsregel 147
sukzessive Integration 19, 69, 136
Superadditivität des Unterintegrals 37

Tensorprodukt 21, 68, 134
Träger 149
Transformationssatz 149
Translationsinvarianz 161
Treppenfunktion 118, 179

uneigentliches Integral 125
untere Einhüllende 26
unteres Riemann-Integral 54
Unterintegral 36
– über eine Menge 80
Untersumme 49

Variablentransformation 147, 149
Vektorraum reeller Funktionen 11
Vertauschungssatz 68, 133
Verträglichkeitsbedingung 86, 87
Vollständigkeit 75
Volumen 136
– der Kugel 137, 140, 172
von innen regulär 178

wesentliches Integral 176
– Oberintegral 177

Zerlegungseigenschaft 151